主编简介

汪恩国，1959 年 11 月出生，浙江临海人，农业技术推广研究员，受聘为专业技术三级岗位。为浙江省农业学术和技术带头人第一层次培养人才，浙江省农药生产许可审查专家，台州市终身拔尖人才。2018 年度还被推荐为享受国务院政府特殊津贴专家人选。从事植物保护和植物检疫专业技术工作 39 年，先后参与省、市 20 余项重大课题协作攻关，科研和推广业绩显著，在农业有害生物（病虫草鼠害）生物学、种群数量信息学、模型预测学、预测控制学及综合治理领域取得了不俗成绩。获国家科技进步奖二等奖 1 项，农业部科技进步奖及丰收奖二等奖 3 项，浙江省科学技术奖一等奖 1 项、二等奖 4 项、三等奖 1 项，浙江省农业科技进步奖及农业丰收奖一等奖 5 项、二等奖 2 项、三等奖 3 项；在国内外专业杂志发表论文 140 余篇，其中独立撰写的《昆虫种群数量信息流动理论与预测预报研究》，被全国农技中心和中国植保学会评为全国现代病虫测报优秀论文一等奖，排序第 1 名；主编或副主编出版专著 5 部、参编 7 部；曾荣获农业部全国农技推广先进工作者和浙江省人民政府全省农业科技先进工作者荣誉。

孟幼青，女，1963年5月出生，浙江诸暨人，高级农艺师，浙江省植物保护学会常务理事兼秘书长。1990年以来从事植物检疫工作，曾先后主持(参加)部、省、市、县科技项目10项，获省、市科技进步奖和部、省农业丰收奖等奖项9项。在国内外专业期刊上发表论文50余篇。主编出版专著4部，参编出版专著9部。参编国家和省级标准2项。

钟列权，1974年11月出生，浙江温岭人。高级农艺师，中国植物保护学会会员，浙江省植物保护学会理事，台州市昆虫植病学会理事长。为浙江省农业技术带头人，1998年以来持续从事植保新技术研究推广和植物检疫工作。曾获浙江省农业科技先进工作者，省植保技术推广突出贡献奖，台州市第六届、第七届拔尖人才，台州市优秀科技工作者。主持获浙江省农业丰收奖一等奖、二等奖各1项，三等奖3项，省农业科技成果转化推广奖1项，全国农牧渔业丰收奖三等奖1项，台州市科技进步奖二、三等奖各2项；参加获省农业丰收奖、农业技术进步奖一等奖各1项。在国家和省级期刊发表论文30余篇，主编出版专著1部，参编出版专著6部。

余继华，1960年4月出生，浙江黄岩人，农业技术推广研究员，从事专业技术工作38年。1992年赴日本作农业研修。中国植物保护学会会员，台州市昆虫植病学会理事。发表论文100余篇；主编出版著作7本，参编著作6本。获各级科技奖与农业丰收奖32项。获国家专利7项。获农业部全国先进工作者，浙江省农业系统先进工作者、省农业技术推广贡献奖、省植物检疫先进工作者，台州市第五届、第七届拔尖人才、台州市优秀科技工作者等业务工作荣誉21项。获各级优秀论文奖21项。

图 1-1　浙江不同柑橘品种黄龙病斑驳叶症状

图 1-2　浙江不同柑橘品种黄龙病黄梢症状

温州蜜柑斑驳春梢　玉环柚斑驳春梢　玉环柚黄脉秋梢

本地早斑驳春梢　瓯柑斑驳夏梢　椪柑缺素型春梢

图 1-2　浙江不同柑橘品种黄龙病黄梢症状(续)

温州蜜柑　本地早　椪柑

瓯柑　玉环柚　金柑

图 1-3　浙江不同柑橘品种红鼻果(畸形)症状

图 1-4　浙江玉环柚感染黄龙病植株症状

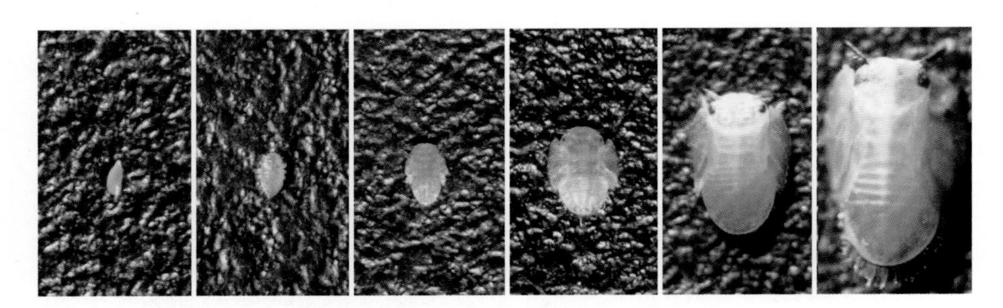

图 3-2　柑橘木虱卵及幼虫形态特征

（资料来源：阮传清等，2012）

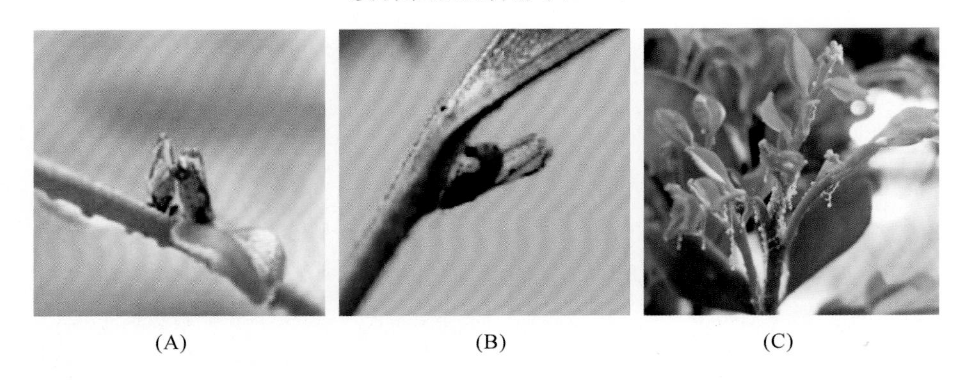

（A）成虫交配；（B）成虫产卵；（C）若虫取食。

图 3-3　柑橘木虱的交配、产卵、若虫取食

（资料来源：阮传清等，2012）

（A）健康柑橘木虱；（B）菌株 GJMS032 侵染后的柑橘木虱。

图 8-7　曲霉属菌（菌株 GJMS032）对柑橘木虱的侵染情况

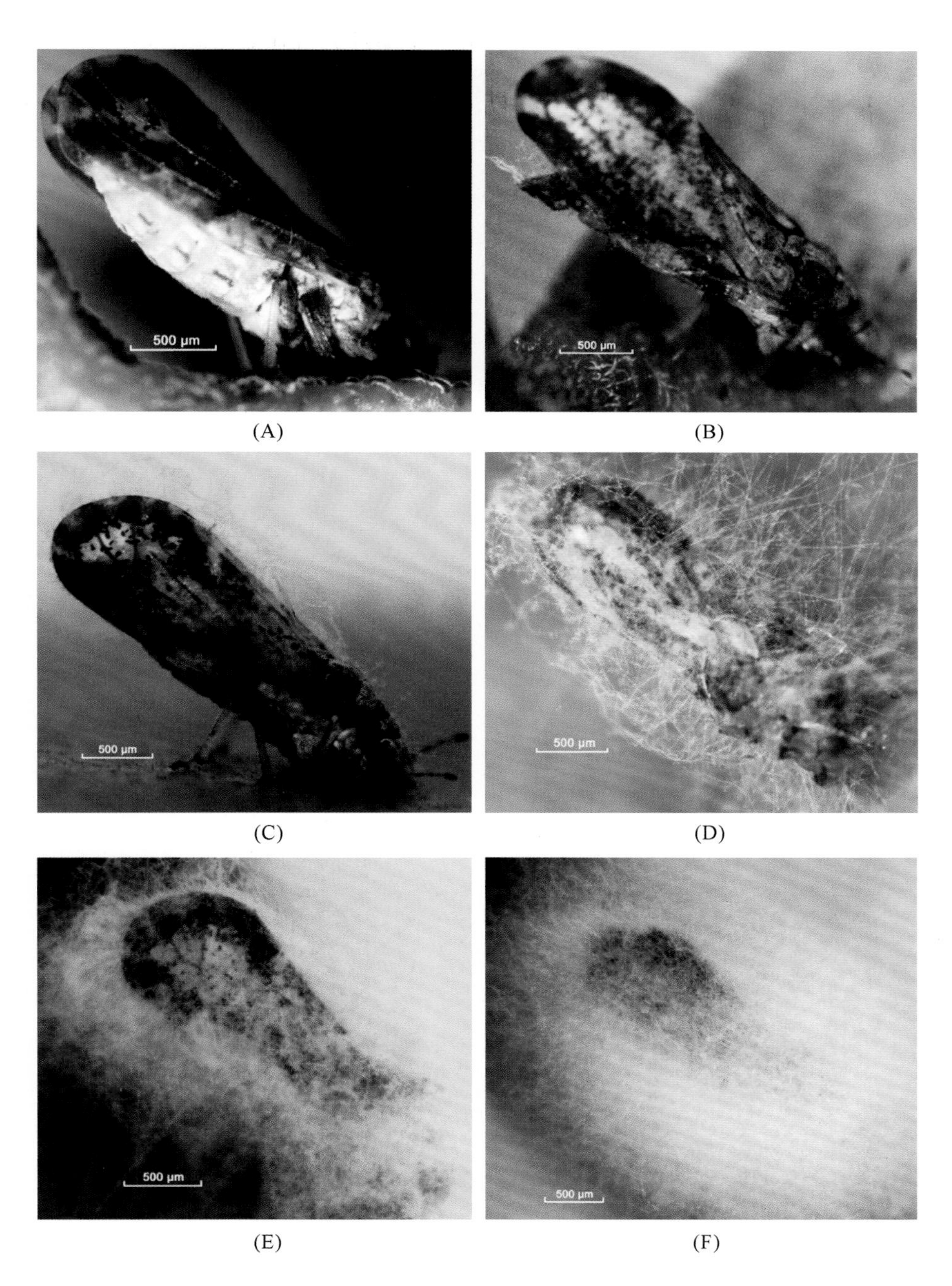

图 8-8　体视镜下观察刀孢蜡蚧菌(菌株 ZJLP09)对柑橘木虱的侵染过程

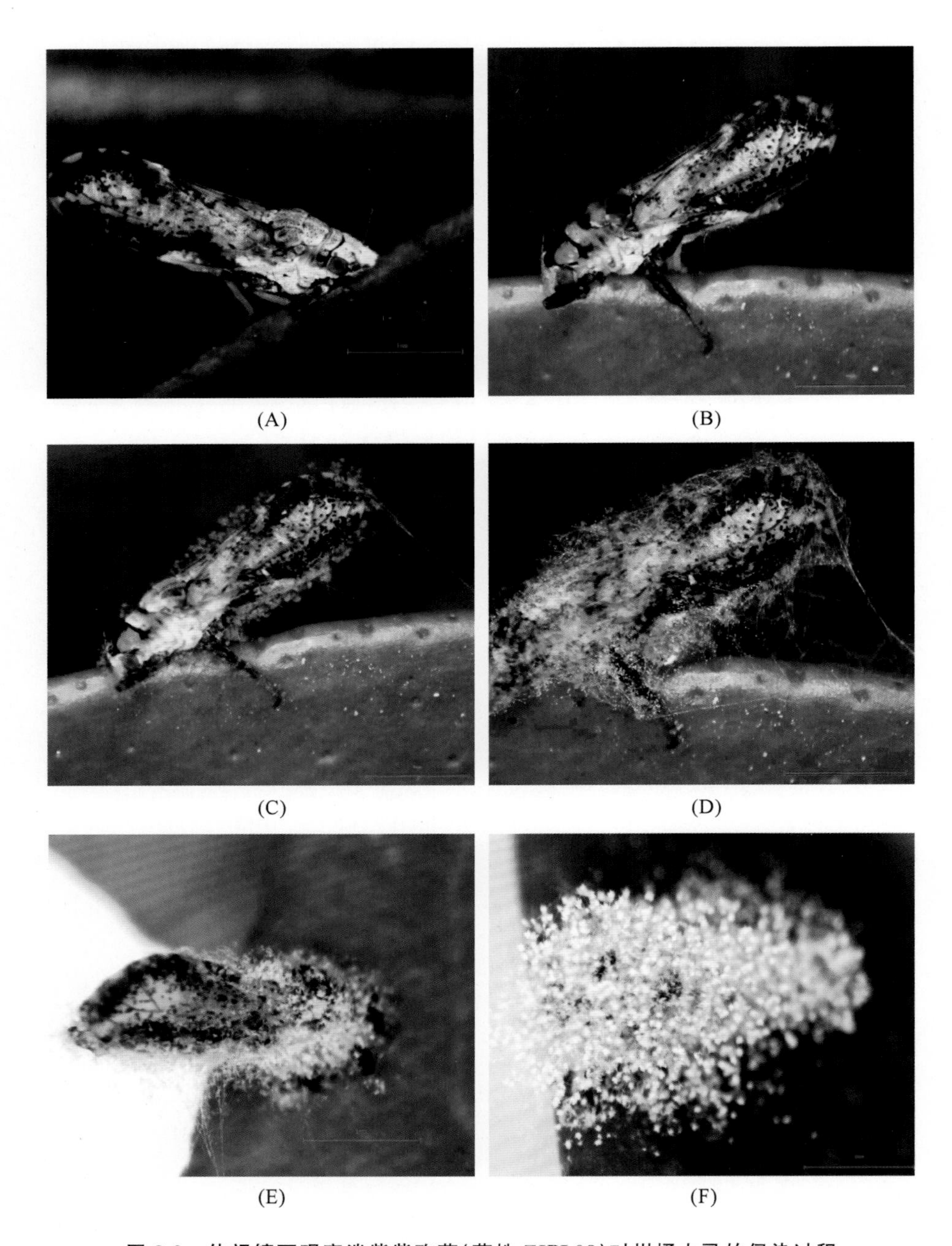

图 8-9　体视镜下观察淡紫紫孢菌(菌株 ZJPL08)对柑橘木虱的侵染过程

柑橘黄龙病流行学及监测预警控制

汪恩国　孟幼青　钟列权　余继华　主编

图书在版编目(CIP)数据

柑橘黄龙病流行学及监测预警控制 / 汪恩国等主编
.—杭州:浙江大学出版社,2020.3
ISBN 978-7-308-18981-1

Ⅰ.①柑… Ⅱ.①汪… Ⅲ.①柑橘类—黄龙病—病虫害预测预报 Ⅳ.①S436.66

中国版本图书馆 CIP 数据核字(2019)第 031952 号

柑橘黄龙病流行学及监测预警控制

汪恩国　孟幼青　钟列权　余继华　主编

责任编辑　陈静毅
文字编辑　王安安
责任校对　刘　郡
封面设计　续设计
出版发行　浙江大学出版社
（杭州市天目山路 148 号　邮政编码 310007）
（网址:http://www.zjupress.com）
排　　版　浙江时代出版服务有限公司
印　　刷　浙江省邮电印刷股份有限公司
开　　本　710mm×1000mm　1/16
印　　张　12.75
彩　　插　4
字　　数　209 千
版 印 次　2020 年 3 月第 1 版　2020 年 3 月第 1 次印刷
书　　号　ISBN 978-7-308-18981-1
定　　价　39.00 元

浙江大学出版社市场运营中心联系方式　(0571)88925591;http://zjdxcbs.tmall.com

《柑橘黄龙病流行学及监测预警控制》

编委会

主　编　汪恩国　孟幼青　钟列权　余继华

副主编　卢　英　林云彪

撰著人员（按姓氏笔画排序）

王云仙　王荣洲　王振东　贝雪芳　方　辉　占富松
卢　英　冯贻富　朱治龙　孙　莲　李月红　李艳敏
李益平　何春玲　余继华　汪恩国　汪燕琴　沈新庭
张敏荣　陈　红　陈宇博　陈德松　林云彪　明　珂
周宏华　郑侍华　郑海东　郑培士　孟幼青　孟敏霞
钟列权　施晓辰　施海萍　袁亦文　夏成鹏　顾云琴
徐冰洁　黄友解　曹婷婷　盛仙俏　鹿连明　章宝春
蒋自珍　潘　琪

内容提要

柑橘黄龙病是一种革兰阴性细菌寄生于柑橘韧皮部筛管细胞，干扰线粒体和叶绿体正常功能，导致枝梢生长失绿黄化、果实着色异常或红鼻果、植株器官营养输送受阻或缺乏供给而枯死的病害。本书针对病害多年防控实践和实际防控操作需求撰写而成，系统介绍了病害流行规律与监测预警防控技术。全书共分九章，包括柑橘黄龙病发病流行动态概述，柑橘黄龙病病原特性及其基因分析，介体昆虫生物学特性及其传病规律，柑橘植株黄龙病感染、显症及其枯死发生规律，柑橘黄龙病田间发病流行规律及其成灾机理，柑橘黄龙病监测预警技术及其空间格局参数，柑橘黄龙病"三防五关"防控技术及其推广实施，介体昆虫柑橘木虱致病菌及其应用效果，以及柑橘黄龙病持续控制技术应用及其效果评价等，其中在病原基因分析方面，首次比较了中国的浙江、福建、广西、广东、江西，法属留尼汪岛和泰国某区等不同地区黄龙病病原的遗传信息，发现不同地区黄龙病菌外膜蛋白基因和核糖体蛋白基因存在一定的分子差异，柑橘黄龙病菌亚洲种之间存在一定的遗传多样性，且其遗传多样性多是由地理环境因素引起的；在介体昆虫种群消长及其传病特性方面，率先创建了气象三要素与柑橘木虱种群数量关系动态模型；在病害流行方面，率先创建了植株病菌繁衍速率及其扩散模型，探明了植株感染显症枯死发生规律、病害入侵扩散 4 种方式及其扩散规律；在监测预警方面，组建了柑橘种苗黄龙病监测预警技术体系；在综合治理方面，组创了"三防五关"防控技术体系及其推广模式；在生物防控及介体致病菌方面，首次从浙江果园柑橘木虱虫体分离获得具强致病性的淡紫紫孢菌、刀孢蜡蚧菌、渐狭蜡蚧菌、曲霉菌菌株,发现了蜡蚧菌属的一个新种菌株等。本书内容新颖、图文并茂,集研究应用于一体,可供农业行政管理部门、植物检疫机构、农业科研院校和柑橘种植者等参考。

前　言

柑橘黄龙病是我国重大植物检疫性病害，主要通过柑橘种苗人为传播，介体柑橘木虱携菌入侵，通过其病虫星状扩散、辐射扩散、水平扩散和垂直扩散4种方式扩散流行，为柑橘生产上危害严重、防治艰难、危险性最大的一种传染性病害。近年来，柑橘黄龙病发生面积不断扩大，发生程度不断回升加重，尤其在南方一些柑橘区常呈点状暴发或大面积扩散，最终流行成灾，柑橘产业面临毁灭性威胁，防控形势颇为严峻。

为了调查研究柑橘黄龙病入侵扩散流行规律和综合治理技术，应当建立健全的柑橘黄龙病和柑橘木虱病虫监测预警防控体系，创新防控模式和理论实践，及时防控应对严峻形势的疫情，持续有效安全地控制危害。本书根据10余年来浙江柑橘黄龙病与柑橘木虱项目研究成果，以及防控实践的最新进展，在统筹柑橘黄龙病病原特性及其基因分析、介体昆虫生物学特性及其传病规律、植株病菌繁衍速率及其扩散模型、植株感染显症枯死发生规律、病害入侵扩散方式与自然感染果园扩散规律及其成灾机理、柑橘种苗及果园病虫监测方法与预警技术、黄龙病“三防五关”防控技术及其推广模式、柑橘园柑橘木虱主要致病菌及其应用、防控效果评价等方面的基础上，立足病害防控实践与实际操作需求，着重从病害流行学角度研究整理浙江柑橘黄龙病病原基因信息、柑橘植株黄龙病病菌繁衍显症致枯发病规律、自然感染果园病害扩散规律、柑橘黄龙病发病流行规律以及成灾机理，从病害综合治理角度探索研究病虫监测技术、预警技术、综合防控技术以及体系应用成效等，其中植株病菌繁衍速率及其扩散模型、植株感染显症枯死发生规律、病害入侵扩散四种方式及其扩散规律、气象三要素与柑橘木虱种群数量关系动态模型等较多研究为首次公开发表。

本书在撰写过程中得到了浙江大学李红叶教授的审阅和修改，在此谨致谢忱！此外，本书的撰写参考、引用了部分专家学者的研究资料，在此一并谨致谢意！由于作者水平有限，加上时间仓促，书中难免存在错误和不妥之处，期望同行专家和读者批评指正。

目　　录

第一章　柑橘黄龙病发病流行动态概述

第一节　柑橘黄龙病发生危害概况

一、柑橘黄龙病名称

柑橘黄龙病(Citrus Huanglongbing,HLB)是我国重大植物检疫性病害,是由一种限于韧皮部内寄生的革兰阴性细菌引起的系统性侵染病害。病菌能够侵染包括柑橘属、枳属、金柑属和九里香等在内的多种芸香科植物,会造成梢黄树死园毁,对柑橘产业具有毁灭性损害。这种显现为绿树冠中枝梢发黄症状的病害,最初在广东潮汕地区被发现,潮州话称果树新梢为"龙","黄龙"意为抽出新梢呈现黄化的病状,故称黄龙病,在国内业界一直沿用。柑橘黄龙病在不同国家或地区曾有不同名称,菲律宾称其为叶斑驳病(Leaf Mottle),印度称其为梢枯病(Dieback),南非称其为青果病(Greening),印度尼西亚称其为叶脉韧皮部退化病(Vein Phloem Degeneration)。1965 年在南非一次国际会议上"黄龙病传染性病毒"这一概念被提出,从而"青果病"一词一度被全球柑橘业界广泛使用。1995 年,在中国福建省福州市召开的第 13 届国际柑橘病毒学家组织(IOCV)会议上确认:1956 年华南农学院林孔湘教授在《植物病理学报》(第 2 卷第 1 期)上发表的《柑桔黄梢(黄龙)病研究》论文,其中关于柑橘黄龙病嫁接传染性试验为全球最先,对黄龙病定性更早。因此法国学者 Bove 等提议将柑橘黄龙病(Citrus Huanglongbing)作为全球统一名称，从此黄龙病(Huanglongbing)取代青果病(Greening)成为学界统一名称。

二、柑橘黄龙病分布

目前，柑橘黄龙病分布于亚洲、非洲、大洋洲、南美洲和北美洲，包括印度、巴基斯坦、尼泊尔、不丹、孟加拉国、斯里兰卡、缅甸、中国、泰国、马来西亚、柬埔寨、老挝、越南、日本(琉球群岛和冲绳群岛)、菲律宾、印度尼西亚(爪哇、苏门答腊岛、加里曼丹东部、南苏拉威西、巴厘岛)、伊朗、也门、东帝汶、南非、津巴布韦、斯威士兰、马拉维、布隆迪、坦桑尼亚、肯尼亚、索马里、科摩罗、埃塞俄比亚、喀麦隆、马达加斯加、尼日利亚、中非共和国、毛里求斯、留尼汪岛(法)、巴布亚新几内亚、美国(佛罗里达、路易斯安那、得克萨斯和加利福尼亚州)、美国维尔京群岛、古巴、加勒比海盆地、巴西(圣保罗)、多米尼加共和国、伯利兹、波多黎各、墨西哥、牙买加、哥斯达黎加、尼加拉瓜、洪都拉斯、危地马拉等近 50 个国家和地区。

我国 19 个柑橘生产省份中除甘肃、陕西、河南、江苏、上海、安徽、湖北、重庆外，已有广东、广西、海南、福建、云南、江西、湖南、四川、贵州、浙江、台湾等 11 个省份受到柑橘黄龙病入侵危害，受害面积占柑橘总栽培面积的 80%以上，严重制约柑橘产业的健康发展。

1981 年浙江温州南部地区首次发现柑橘黄龙病入侵，1982—1999 年发生范围一直控制在温州瓯江以南的瓯海、瑞安、文成、平阳、苍南、鹿城等 6 个县(市、区)。2000 年后该病跨越瓯江北上西进台丽甬金柑橘主产区，2003 年扩散分布到温州、丽水、台州等 3 市 17 个县(市、区)，2006 年则扩大到温州的乐清、永嘉、瓯海、龙湾，丽水的松阳、莲都、青田、云和、景宁、缙云、龙泉、庆元，台州的温岭、黄岩、路桥、玉环、椒江、仙居、临海、天台、三门，宁波的象山、宁海，以及金华的永康、武义、东阳等 5 市 26 个县(市、区)。通过连续多年的积极防控，2007—2013 年，疫情恶性蔓延势头得到了有效控制，发生地区缩减到温州、台州、丽水、宁波等 4 市 19 个县(市、区)。2014 年后又呈局部回升态势，发生分布除温州、台州、丽水、宁波、金华等 5 市 24 个县(市、区)外，新增浙西金华市金东橘区，同时龙泉、永康、平阳、苍南等 4 个基本扑灭县(市、区)再度发生危害。

三、柑橘黄龙病危害

柑橘黄龙病对柑橘产业的危害非常严重，幼龄树发病后一般1～2年内全株衰退，成年树染病后2～3年内蔓延至全株，并很快丧失结果能力。在病害流行地区，新建果园常常来不及投产就严重发病，即使周围无发病果园，定植8～9年后也会感病，常使大片果园数年内趋于毁灭。柑橘黄龙病至今尚无有效治愈方法，柑橘树一旦患病只能全株铲除，故又被称为柑橘上的“癌症”。目前，柑橘黄龙病已在世界范围内广泛流行，造成上亿株柑橘树死亡或者染病，严重影响着全球柑橘产业的健康发展。据统计，20世纪60—70年代，菲律宾有700万株柑橘树感染黄龙病，印度尼西亚有300多万株柑橘树被摧毁，泰国95%的柑橘果园受黄龙病危害。20世纪90年代，全球则有6000余万株柑橘树被铲除。2004年，巴西首次发现柑橘黄龙病，三年内仅圣保罗州就摧毁柑橘树200万株。美国佛罗里达州从2005年首次发现该病到2012年的短短7年间，近90%的果园黄龙病肆虐，80%的柑橘树不同程度受害，被迫毁园达65640hm^2，因黄龙病导致直接减产41%，损失78亿美元。

我国是柑橘黄龙病严重受害的国家之一，早在19世纪90年代我国已发生柑橘黄龙病。该病害20世纪初在华南地区被报道发现，30年代开始在广东、福建等地流行，成片果园橘树染病枯死。随后广东出现数次暴发流行，柑橘产业遭受严重损害，在粤东，百年历史的潮州柑除普宁外全军覆没；蜚声中外的新会大红柑，1992年以来柑橘面积每年以50%的速度急剧下降；久负盛名的四会沙糖橘产地，全县难以找到一片无病的果园。在粤西，20世纪80年代异军突起的红江橙，最高峰发展到15300 hm^2，至今剩下不足667hm^2。20世纪70年代后期广西柳州因黄龙病摧毁了近100hm^2 柑橘果园，桂林市发病率高达50%～70%。近十几年，柑橘黄龙病在广东、广西、江西、福建等柑橘优势产区再度肆虐，并有不断扩散蔓延的趋势。据不完全统计，2003年福建、广西和广东等地单单砍伐病树就有4000多万株，福建自2003年后患病更趋严重，果园病株率达20%～30%，成片柑橘园被摧毁；近两年仅广西、江西两地砍除病树就达1亿多株，广东亦有2万多 hm^2 柑橘园面临毁园威胁，优势柑橘产业深受其害。

柑橘黄龙病对浙江柑橘产业有三波冲击。第一波在1981—1999年。1981年首次在浙南平阳发现该病，1982年经春秋两次普查，疫情分布在瓯江以南的温州市城区（1984年更名鹿城区）、瓯海、文成、瑞安、平阳、苍南等6个县（市、区）属局部零星区域发生。为保护全省柑橘产业健康稳定发展，1983年浙江政府将以上6个县（市、区）划定为柑橘黄龙病疫区，提出“以挖（挖除病树）为主，挖控（柑橘木虱防治）并举”防控策略，坚持实施黄龙病疫情封锁扑灭工作，持续19年将疫情封锁在温州瓯江以南局部区域，至1999年以上6个县（市、区）全部达到基本扑灭疫情标准，2000年政府下达行文撤销柑橘黄龙病疫区，恢复柑橘正常生产。第二波在2000—2013年。柑橘黄龙病再度北上入侵温州北部的乐清市，并快速向台州、丽水、金华、宁波等浙江柑橘主产区扩散蔓延，发生面积不断扩大，发病株数快速增加，危害程度逐年加重，至2006年，黄龙病已扩散到温州、台州、丽水、金华、宁波等5市26县（市、区）185个乡镇（农场、街道），疫情发生面积达4万余hm^2，2000—2006年全省累计发病树758.17万株，黄龙病在浙江大范围流行并造成了严重危害，黄岩本地早香柚、永嘉早香柚、温岭高橙、玉环文旦、丽水椪柑等优质品牌基地遭受重大打击，品牌产业岌岌可危，造成直接经济损失23.37亿元。针对如此严峻形势，浙江结合实际，因地制宜调整疫情防控策略，提出“挖治管并重，综合防控”九字防控方针，持续开展宣传培训、监测普查、治虫防病、挖除病株、设立示范、创建基地和繁育无病良种，扎实做好疫情防控阻截工作。2007年后疫情恶性蔓延势头得到持续有效遏制，截至2013年疫情分布缩减到温州、台州、丽水、宁波等4市19县（市、区）129个乡镇（农场、街道），疫情发生控制在3113.3hm^2，发病树减少到9.02万株。其中金华市的东阳、永康、武义，丽水市的龙泉、云和、景宁和缙云等7个县（市、区）达到基本扑灭标准；衢州、绍兴、杭州、舟山等4市所有橘区，以及金华、宁波等大部分橘区一直保持无发生状态。第三波为2014年后。2014年普查发现，柑橘黄龙病在5市24个县140个乡镇，发生面积3333.3hm^2，发病树10万余株，染病种苗71万株，疫情新入侵浙中金华市金东区，平阳、苍南等基本扑灭区再度发病，永嘉、临海等基本控制区出现点状暴发，呈现再次向西扩散和再度暴发点状流行态势，全省柑橘优势产业再度面临严峻挑战，疫情防控阻截任务依然十分艰巨。

第二节　柑橘黄龙病的症状与识别

柑橘黄龙病潜伏期较长，一般为几个月到几年不等，潜伏期内不表现症状。发病后全年均可表现症状，其症状可遍及全树，能侵害柑橘叶片、枝梢、花、果实和种子等。

一、叶、梢、花症状

(一)叶片症状

叶片黄化症状是识别植株感染柑橘黄龙病的主要依据。病树叶片黄化症状可表现为斑驳黄化(黄斑在叶面呈不规则分布)、均匀黄化(新梢嫩叶不能转绿，叶片均匀黄化)、缺素状黄化(近叶脉绿色)三种。斑驳状黄化叶是新梢叶片转绿后，从主或侧脉附近、叶片基部或边缘褪绿形成的黄绿相间黄化叶，是黄龙病的最典型和特异症状，常作为田间诊断的一个重要依据(图 1-1)；均匀黄化叶，多出现在树冠外围、向阳处和顶部的秋梢和晚秋梢上，叶片不转绿，逐渐形成均匀型黄化，也是黄龙病较为可靠的诊断症状；

温州蜜柑　　玉环柚　　椪柑

瓯柑　　本地早　　甜橘柚

图 1-1　浙江不同柑橘品种黄龙病斑驳叶症状

缺素状黄化不是真的缺素，而是由柑橘黄龙病害引起根部局部腐烂，根系吸肥能力下降后所致的叶片缺素，主要表现为类似缺锌、缺锰症状，多发生在斑驳症状抽生的枝梢上，易与缺素症混淆，为识别黄龙病的辅助症状。

（二）枝梢症状

黄梢在柑橘各树龄段均可表现，一般 4～6 年生的病树上表现相对较多。黄梢也可全年发生，夏梢和秋梢上表现最多，其次是春梢（图 1-2）。当年新抽春梢发病时，叶片能正常转绿，5 月以后部分叶片主脉、侧脉附近黄化，叶肉逐渐褪绿变黄，形成黄绿相间的斑驳叶梢。夏梢或秋梢多在 8 月至 10 月间发病，新抽夏梢或秋梢中有一两个梢的叶片停止转绿，叶

椪柑均匀型黄梢　椪柑均匀黄化秋梢　椪柑缺素型黄化秋梢

温州蜜柑斑驳春梢　玉环柚斑驳春梢　玉环柚黄脉秋梢

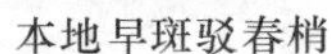
本地早斑驳春梢
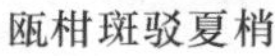
瓯柑斑驳夏梢
椪柑缺素型春梢

图 1-2　浙江不同柑橘品种黄龙病黄梢症状

脉变黄，叶肉呈淡黄色，形成均匀型黄梢；夏梢或秋梢也有叶片先转绿后变黄，形成斑驳夏梢、秋梢。当年感病黄梢一般秋末后叶片陆续脱落，第二年新抽春梢，枝梢一般细弱，节间变短，叶片变长变小，叶肉变黄，叶质变硬，表现为缺锌、缺锰等症状。

（三）开花症状

开花早而多，有时秋天开花；常为无叶花序，花聚集成团，俗称打花球；花细小而畸形，花瓣黄白色，较厚而短小。

二、果实症状与红鼻果症状

果实症状：病果常有三种类型表现，即脐黄果、青果和红鼻果，脐黄果表现于生理落果期，青果表现于果实膨大期，红鼻果则表现于成熟期。

青果：主要表现为果实不转色，呈青软果（大而软）或青僵果（小而硬）。柚类、柠檬类、橙类均有此症状。

红鼻果："红鼻果"是诊断黄龙病树的典型症状之一。所谓"红鼻果"，是指果实成熟后果柄附近正常着色，果顶及其附近不着色，表现为果实表面一端黄（橙）色另一端绿色的着色不均匀症状，病果变小或畸形、果皮变硬、果皮与果肉紧贴不易剥离。柑橘类、橙类病树上均有此症果实（图 1-3）。

三、植株感病症状

大多数柑橘黄龙病初发病树，最先在树冠中上部外围少数新梢表现

图 1-3　浙江不同柑橘品种红鼻果(畸形)症状

出均匀黄化型黄梢或斑驳型黄梢症状。经过 1～2 个梢期(大龄树需要更长时间)后，树体内病原细菌随筛导组织扩散至全株，陆续出现斑驳叶片、缺锌或缺锰状新梢和红鼻果等。随着病情的进一步发展，病梢日益增多，叶片早衰脱落，加上根部根系腐烂，病株树体逐渐衰退，发病枝梢逐渐干枯，随后病株便逐渐枯死(图 1-4)。从植株染病到全树枯死，最短的 2 年，最长的可撑 12 余年，一般为 5～9 年后全株枯死。

柑橘黄龙病田间自然扩散借助传病媒介柑橘木虱来实现，以果园等最早发病株为中心，病株向四周呈辐射状扩散。因柑橘木虱在正常情况下活动范围有限，其自然传病距离也有限，一般 3 年树龄以上的果园能看到明显的发病中心，3 年以下幼龄果园发病则多由苗木带病引起，呈零星分布。在黄龙病区，一般果园经济寿命仅为 8～11 年，一旦果园发病率达到 5%以上，往往在 3～5 年内会迅速蔓延，造成果园被毁。

图 1-4　浙江玉环柚感染黄龙病植株症状

第三节　浙江柑橘黄龙病发病流行动态

一、轻发生区疫情动态

根据 2001—2014 年浙江柑橘黄龙病轻发生区病树数量年度普查(表 1-1),浙西南丽水的景宁、龙泉、云和、缙云,浙东南台州的仙居、天台、三门,浙中西金华的武义、东阳、永康、金东等 11 个县(市、区)为疫情轻发生区,占全省总发生县数的 37.93%,其年发病树数量 4000 株以下(2004 年、2005 年、2006 年峰期除外),总体处于轻发生危害状态。

纵观轻发生区整体疫情消长变化(图 1-5),2003 年为初始入侵发生年,2004—2006 年为高发期,然后疫情扩散逐渐减弱,2012—2013 年处于低谷,病树数控制在 800 株以下。2014—2015 年病树数略趋回升,金华金东区是黄龙病新发生区,7 个柑橘种植乡镇全部波及,发生面积 80.73hm^2。经过及时防控,取得了良好成效,2016 年普查未发现黄龙病病树。目前以上 11 个县(市、区)疫情总体保持在低谷状态并处于病株总量 500 株以下的低位水平。

表 1-1　浙江柑橘黄龙病轻发生区病树数量年度普查

单位:株

地名	2002 年	2003 年	2004 年	2005 年	2006 年	2007 年	2008 年	2009 年	2010 年	2011 年	2012 年	2013 年	2014 年	2015 年	2016 年
景宁	—	943	3932	2131	630	281	235	129	65	0	0	0	0	0	0
龙泉	—	670	4839	3167	1421	0	0	0	0	0	0	0	2	0	0
云和	—	35	2403	179	187	168	0	0	0	0	0	0	0	0	0
缙云	—	—	0	0	364	65	38	32	16	0	0	0	0	0	0
仙居	—	—	2423	610	493	324	380	132	248	364	283	214	125	137	87
天台	—	—	189	383	229	287	170	44	55	66	59	29	22	27	98
三门	—	—	4257	3058	2931	2319	1825	1191	992	792	452	318	257	300	217
武义	—	—	—	—	1231	6	201	90	45	0	0	0	0	0	0
东阳	—	—	—	—	—	5	0	0	0	0	0	0	0	0	0
永康	—	—	—	—	—	7	3	0	0	0	0	0	15	0	0
金东	—	—	—	—	—	—	—	—	0	0	0	0	723	1692	0
合计	0	1648	18043	9528	7486	3462	2852	1618	1421	1222	794	561	1144	2156	402

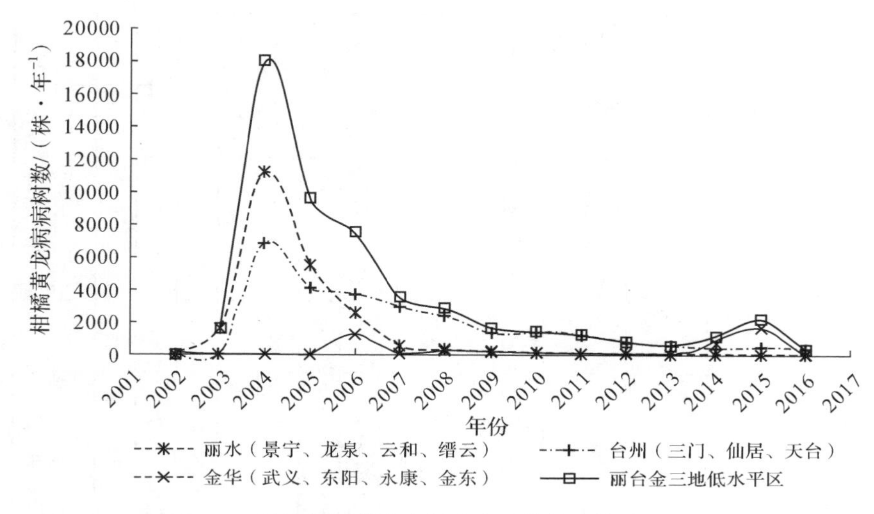

图 1-5 浙江柑橘黄龙病轻发生区整体疫情消长变化

二、偏重发生区疫情动态

根据 2001—2016 年浙江柑橘黄龙病老病区和偏重发生区病树数量年度普查(表 1-2)，温州的苍南、平阳、瓯海、龙湾、永嘉和乐清，丽水的莲都、松阳、青田和庆元，台州的玉环、温岭、路桥、黄岩、椒江和临海，宁波的宁海和象山等 18 个县(市、区)为老病区或发病偏重地区，基本格局为自南而北疫情逐渐减轻，总体以龙湾、乐清、永嘉、莲都、松阳、青田、玉环、温岭、路桥、黄岩和椒江等 11 个县(市、区)较为严重，局部区域成灾危害。2004—2007 年是该区域黄龙病高发期，疫情流行最为严重，毁园毁产情况时有发生，年发病树 10 万株以上的有 7 个县(市、区)，分别为乐清、青田、莲都、松阳、温岭、玉环和黄岩，累计年发生 10 万余株频度为 30 个年次，累计病树数达 720.67 万株，分别占总发生频次数的 15.31%和总病树数的 76.23%，为大流行期达重发地区，其中最重地最高年发病树达 56 万余株。

表 1-2　浙江柑橘黄龙病老病区和偏重发生区病树数量年度普查

单位：万株

地名	2001 年	2002 年	2003 年	2004 年	2005 年	2006 年	2007 年	2008 年	2009 年	2010 年	2011 年	2012 年	2013 年	2014 年	2015 年	2016 年
苍南	—	—	—	—	—	—	—	—	—	0	0	0	0	0.20	0.19	0.03
平阳	—	—	—	—	—	—	—	—	—	0	0	0	0	0.17	0.12	0.76
瓯海	—	—	0.28	0.35	1.55	1.71	0.64	0.56	0.65	0.44	0.24	0	0	0.15	0.04	0.03
龙湾	—	—	4.18	4.21	11.36	3.20	2.33	2.09	1.58	1.01	0.44	0.09	0.09	0.09	0.08	0.08
永嘉	—	0.21	0.28	0.91	1.13	0.76	0.30	0.50	0.28	0.25	0.22	0.14	0.13	0.14	0.21	0.16
乐清	35.26	46.84	32.20	44.00	17.33	15.67	12.64	8.29	6.42	3.71	1.00	2.56	1.15	0.85	0.88	0.80
莲都	0.97	21.50	5.75	6.46	5.35	4.78	3.42	2.47	2.76	1.84	0.93	0.83	0.49	0.46	0.54	0.26
松阳	0.12	4.95	20.69	13.12	5.52	3.19	1.61	1.18	0.85	0.54	0.24	0.08	0.07	0.05	0.04	0.04
青田	0.06	19.94	10.47	5.96	3.33	2.58	1.07	0.89	0.53	0.29	0.05	0.03	0.03	0.02	0.02	0.01
庆元	—	—	1.19	2.42	2.15	1.81	1.74	1.11	0.52	0.52	0.52	0.13	0.11	0.05	0.03	0.03
玉环	—	38.21	13.94	19.95	31.51	3.49	1.30	1.67	1.82	1.24	0.66	0.46	0.43	0.66	0.59	0.53
温岭	—	21.51	17.78	56.09	21.67	14.36	8.34	2.75	2.04	1.34	0.65	0.47	0.44	0.30	0.56	0.42
路桥	—	0.31	0.50	1.14	1.56	0.99	0.63	0.36	0.21	0.17	0.13	0.04	0.03	0.03	0.02	0.01
黄岩	—	4.27	11.19	31.21	36.84	31.50	25.86	20.12	16.08	11.82	7.55	5.88	4.29	3.34	2.85	2.12
椒江	—	—	0.02	1.36	3.07	2.04	0.93	0.78	0.72	0.57	0.42	0.37	0.33	0.25	0.22	0.21
临海	—	—	0	0.50	1.01	0.99	1.23	1.12	0.98	0.64	0.31	0.19	0.20	1.01	1.11	1.06
宁海	—	—	—	—	—	—	1.25	0.02	1.15	0.96	0.76	0.84	0.53	0.51	0.99	1.32
象山	—	—	—	—	—	—	0.76	0.27	0.49	0.35	0.20	0.18	0.21	0.20	0.20	0.19
合计	36.41	157.74	118.46	187.67	143.38	87.08	64.04	44.18	37.08	25.69	14.30	12.31	8.53	8.48	8.69	8.06

纵观偏重发生区域黄龙病历年消长变化(图 1-6),自 2001 年疫情入侵扩散以来,2002 年表现高发,2003 年稍有减弱,2004 年进入高峰期(发生面积 3.86 万 hm^2,病树数 188 万株),后几年发生面积虽有所扩大但病树数量逐年减少,2007 年发生面积为 4.23 万 hm^2,是这 17 年来发生范围最大的年份。该年病树 64 万株,数量快速减少,较高峰期减少了 65.96%,随后几年病树逐年下降,2010 年则比高峰期下降了 86.31%。2011—2016 年,以上 18 个县(市、区)合计年发病树分别为 14.3 万株、12.3 万株、8.5 万株、8.5 万株、8.7 万株和 8.1 万株,总体疫情恶性蔓延趋势得到基本控制。2014 年后全省疫情则有回头之势,原已基本扑灭的苍南、平阳、龙湾和永嘉等 4 个县(区)再度发现黄龙病,点状发生病株率较高;临海、玉环和永嘉等老病区病树比 2013 年增加了 1.14 万株,局部区域果园病株率达 20%以上;2015—2016 年宁海、象山等老病区病树显著增加。

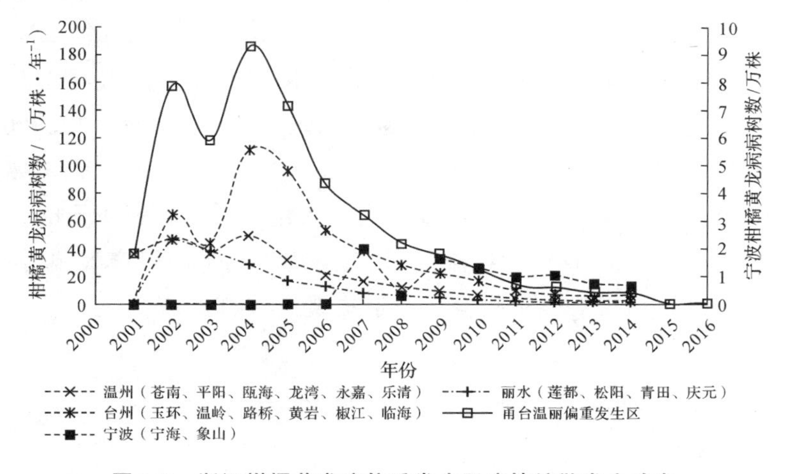

图 1-6　浙江柑橘黄龙病偏重发生区病情扩散发生动态

三、局部流行成灾动态及其时间序列灾变模型

根据台州市普查资料分析,自 2002 年该市首次在玉环和温岭发现柑橘黄龙病以来,疫情在台州全市快速扩散并广泛流行,疫情发生面积逐年扩大,危害渐趋加重,温岭高橙、玉环柚、黄岩本地早等优势柑橘产业遭受重大冲击。2002—2006 年短短 5 年,玉环柚种植面积从 2074hm^2 骤减至 1118hm^2,温

岭高橙从 4776hm^2 减至 953hm^2。根据温岭市疫情入侵扩散流行数据分析(表 1-3 和图 1-7),柑橘产业果园毁园率(S%)=Σ该市柑橘黄龙病流行果园砍挖面积/该市柑橘种植面积×100%,且将柑橘黄龙病入侵危害年序经数值化处理并以 2001 年为初始入侵。危害年度 N=1,2,3,…。

表 1-3　2002—2007 年温岭柑橘黄龙病流行造成柑橘产业毁园情况调查

入侵年度	数值化入侵年序	柑橘种植面积/hm^2	毁园累计面积/hm^2	全县累计毁园率/%	模型模拟毁园率/%
2002	2	4776	667	13.96	11.65
2003	3	4776	1365	28.58	31.31
2004	4	4776	2777	58.14	56.28
2005	5	4776	3430	71.81	71.19
2006	6	4776	3502	73.32	76.53
2007	7	4776	3823	80.05	78.06

统计分析表明,温岭疫情扩散流行造成柑橘产业果园毁园率与数值化入侵年序呈逻辑斯谛型曲线变化规律,其数学模型为 $S=78.626068/[1+\mathrm{EXP}(4.4214-1.3362N)]$,$F(2,5)=175.0497$,$r=0.9957$,$P=0.0008$。柑橘黄龙病一旦流行起来或失察入侵扩散流行或不及时采取有效措施,只要持续 3～5 年发病流行,就会造成柑橘果园毁产毁园,甚至毁园率达 70%以上,将对整个柑橘产业造成毁灭性打击。

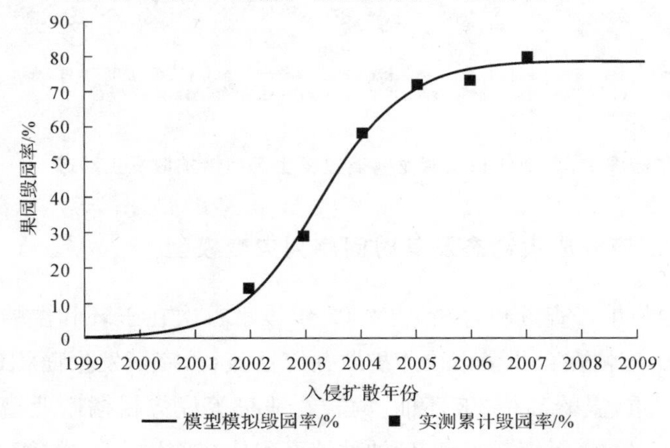

图 1-7　浙江温岭 2002—2007 年柑橘黄龙病毁产毁园动态

第二章　柑橘黄龙病病原特性及其基因分析

第一节　柑橘黄龙病病原认知过程

柑橘黄龙病早在19世纪90年代在我国南方橘园已有发生，最早的记载是1919年Reinking对中国南方柑橘黄化及花叶症状的描述，到20世纪30年代黄龙病在广东、福建等地流行，造成成片橘树枯死，危害、损失十分严重。然而世界各地对柑橘黄龙病病原性质的认识经历了相当曲折的过程，历经了症状观察和嫁接实验、电镜观察和抗生素实验、血清学和初步分子生物学实验、分子生物学实验几个认识历程，经历了从水害、缺素、镰刀菌到病毒，从病毒到类菌原体，最后确定为细菌的漫长过程。

一、病毒病原阶段

根据在南方果园一般性的调查观察，Reinking和涂治起初认为柑橘黄龙病是由水害引起的；泽田兼吉报告我国台湾的立枯病病原为一种线虫(Tylenchus semipenetrans)；润菲尔格认为是低地土壤水位过高，或高地积水，缺乏空气，妨碍根的呼吸作用，并抑制根际微生物的繁殖，进而影响矿物质的吸收所致；Lee H A认为菲律宾叶斑驳病是缺素引起的；何畏冷从病树的根部分离得到一种镰刀菌(*Fusarium* spp.)并认为是该菌所致。陈其暴从1938年至1942年做了大量调查并进行病原接种和化学药品处理试验，认为不是由于镰刀菌的侵染或微量元素的缺乏，更不是水害的结果，而是病毒的侵染可能性很大。林孔湘比较系统地做了水害、线虫、镰刀菌、病毒接种和带菌苗木传病、自然蔓延等试验，排除了水害、缺素、线虫、镰刀菌等说法，1956年因其嫁接传染特性，且限于当时的研究条件改为由病毒引起。20世纪60年代前期因常检测到柑橘衰退病毒(*Citrus tristeza virus*)，有人认为中国台湾的立枯病和印度某区的梢枯病、中国大陆的黄龙病病原是柑橘衰退病毒。20世纪60年代中期，McClean等和Tirtaw idjaja等试验证实非洲青果病和印尼叶脉韧皮部退化病能通过嫁接传染，此证明是病毒病。Fraser等调查印度的梢枯病，根据症状认为其与中国大陆、中国台湾的立枯病及印度尼西亚的叶斑驳病和青果病是同一种病原，是由青果病毒引起的。

二、类菌原体病原阶段

Lafleche和Bove等于1970年第一次报道用电镜于在南非称为青果病(Greening)和在印度称为梢枯病(Dieback)等的病株韧皮部筛管细胞中观察到病原，其直径约为100～200nm，棒状病原长达2μm，依其形状认为病原为类菌原体(MLO)。随后在我国台湾的立枯病病株体内也观察到类菌原体，由于观察的病原体的界限膜有三层结构，厚度约为30nm，明显比类菌原体的界限膜厚，有的认为这是一种新型的植物病原菌，有的认为这种病原是类细菌(BLO)，而Tanaka和Doi等于1974年研究认为我国台湾立枯病病原为类菌原体(MLO)，能被柑橘木虱传染，同时从形态学上研究表明它与亚洲其他一些地区的青果病病原可能是同一种病原。

国内其他地区关于黄龙病类菌原体病原的研究起步较晚。广西黄龙病研究小组试验证明黄龙病对盐酸四环素敏感，间接证明黄龙病不是病毒而是类菌原体。根据电镜观察，柯冲等认为黄龙病病原是立克次体，而陈作义等认为是一种新型类菌原体。随后，黄龙病病原菌对青霉素敏感性测定的结果支持黄龙病病原为类菌原体或立克次体的观点。

三、细菌病原阶段

随着研究的深入，Lafleche、Bove、Saglio、Garnier、Martin 等通过电镜观察研究，进一步表明黄龙病（HLB）病原是由具三层结构的外壳包围着，即内层、外层和中间层，其中中间层夹着一层比较透明的电子透过层，内外两层均为三层结构的膜，膜的厚度约为 9～10nm，而其外壳厚度约为 25nm，这样一个具三层结构的外壳比一个只具一层膜结构的菌原体（MLO）的外壳（厚度 10nm）要厚许多，所以许多人对将 HLB 病原归为 MLO 的合理性提出了异议。Moll 和 Martin 通过对 HLB 病原、几种革兰阴性细菌植物病原、类立克体（RLO）和类菌原体（MLO）进行比较研究，也证实了 HLB 病原的三层结构的外壳与菌原体有明显的不同。Bove 等于 1980 年根据青霉素能够抑制病树发病，从而推测病原膜的内外层之间存在肽聚糖层（R 层）。Garnier 等于 1984 年通过电镜观察证实在内外层之间存在肽聚糖层（R 层），由此证明该病原是一种革兰阴性细菌，病菌寄生于筛管细胞，菌体大小约为（350～550）nm×（600～1500）nm，可通过筛孔进行移动，病原具两层外膜，厚约 20～25nm。Garnier 等于 1987 年制备了单克隆抗体，对感染黄龙病的长春花进行病原纯化，也能捕捉到棒状和圆形两种形状的病原，实验表明抗体与 HLB 感染组织免疫反应呈阴性，后来也证实直接从感染 HLB 的病组织制成的单克隆抗体与培养物之间也为阴性反应。Logoueix 等于 1994 年将亚洲黄龙病病原和非洲黄龙病病原 16SrDNA 克隆测序后，与核酸序列数据库序列进行比对分析，进一步证实黄龙病的病原是细菌。

第二节　柑橘黄龙病病原种类及其主要特性

一、柑橘黄龙病病原及其种类

柑橘黄龙病是一种革兰阴性细菌，其病原为变形杆菌纲（Proteobacteria）韧皮杆菌属（*Candidatus Liberibacter*）细菌，为寄生于韧皮部筛管细胞的限制性细菌，常见有圆形和椭圆形（或呈杆形、棒形、条状、线状），少数为不规则形，参见图 2-1 和图 2-2。柑橘黄龙病菌可侵染不同品种的柑橘植株并引起不同类型的病害症状，迄今为止柑橘黄龙病病菌尚不能人工培养，主要在自然条件下通过介体昆虫柑橘木虱传播和嫁接传染，同时还可借助菟丝子传播。

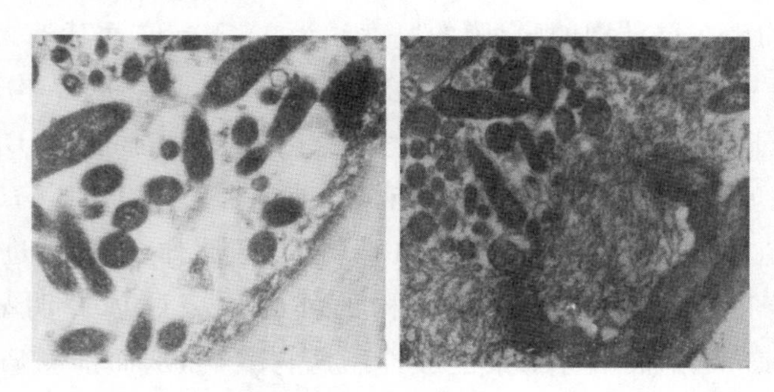

图 2-1 柑橘黄龙病病原显微形态

（资料来源：柯冲等，1991）

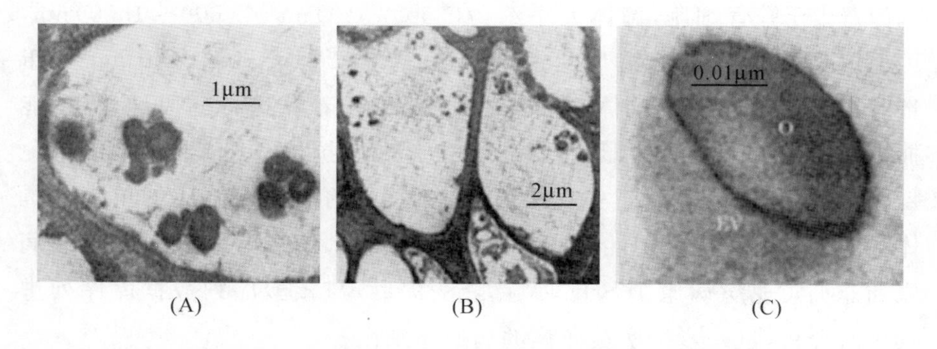

（A）温州蜜柑中的病原体；（B）椪柑中的病原体；（C）病原体个体。

图 2-2 柑橘黄龙病病原体

（资料来源：王运生等，2004）

根据黄龙病菌的热敏感性、流行区域、虫媒类型、免疫特性及其基因序列的特征和特性，全球柑橘黄龙病可分为亚洲种（*Candidatus Liberibacter* asiaticus）、非洲种（*Candidatus Liberibacter* africanus）和美洲种（*Candidatus Liberibacter* americanus）（表 2-1），以及非洲种下的一个亚种(*Candidatus Liberibacter* africanus subsp. capensis),近来又有报道发现了一个由木虱传播主要危害茄属植物番茄和马铃薯等的新种(*Candidatus Liberibacter* psyllaurous,或称 *Candidatus Liberibacter* solanacearum)。柑橘黄龙病菌美洲种主要分布在南美洲的巴西,非洲种主要分布在非洲的南非等,而亚洲种则广泛分布在亚洲、非洲、大洋洲和南北美洲等 40 多个不同的国家和地区。在中国发生的柑橘黄龙病为黄龙病菌亚洲种(*Candidatus Liberibacter* asiaticus,Las)。

二、柑橘黄龙病亚洲种、非洲种和美洲种主要特性比较

柑橘黄龙病亚洲种、非洲种和美洲种虽在形态学、致病性、寄主植物等方面表现出共性,但在传播介体、温度敏感性、基因信息等方面存在较明显个性,尤其近年通过对黄龙病菌亚洲种、非洲种和美洲种 16S rDNA、6S/23S rDNA ISR 序列、核糖体蛋白基因序列、氨基酸序列、omp 基因序列等基因组信息的实验比较,黄龙病菌亚洲种、非洲种和美洲种这些基因信息同源性在 98%以下,差异较为明显,其主要特性比较参见表 2-1。

表 2-1　柑橘黄龙病亚洲种、非洲种和美洲种主要特性比较

细菌种名	形态学	致病性	寄主植物	田间传播介体	对温度敏感性	血清学	基因组信息				
							16S rDNA	16S/23S rDNA ISR 序列	核糖体蛋白基因序列	氨基酸序列	omp 基因序列
亚洲种 *Candidatus Liberibacter* asiaticus	都存在两种主要类型，圆形和长杆形	基本一致。绝大多数柑橘如温州蜜柑和椪柑等宽皮橘、甜橙、橘柚、酸性橙、柚子、柠檬、酸橘等都表现感病。抗病寄主植物极少	基本上相同，除能感染柑橘类植物外，在实验条件下可以感染长春花，也能在菟丝子中存活	*Diapho rina citri* (*D. citri*)	为耐热型。22～24℃和27～32℃均能引起严重发病	已经成功制备出分别与之特异性结合的单克隆抗体，存在不同血清型	亚洲种与非洲种同源性达97.70%	浙江株系与非洲种相似性85%～86%	浙江株系与亚洲种相似性99%～100%	浙江株系与亚洲种相似性99%～100%	浙江株系与亚洲种相似性99%～100%
美洲种 *Candidatus Liberibacter* africanus				*Trioza enytreae* (*T. enytreae*)	为热敏感型。只能在较低温度(22～24℃)下表现出症状		非洲种与美洲种同源性达94.50%	浙江株系与美洲种相似性80%	浙江株系与非洲种相似性85%	浙江株系与非洲种相似性88%	浙江株系与非洲种相似性73%左右
美洲种 *Candid atus Liberib acter* americanus				*Diaph orina citri* (*D. citri*)	为耐热型。22～24℃和27～32℃均能引起严重发病		亚洲种与美洲种差异性达94.70%		浙江株系与美洲种相似性77%～80%	浙江株系与美洲种相似性80%	

第三节 柑橘黄龙病病原的基因分析

浙江省柑橘研究所以中国浙江、福建、广西、广东、江西等地感染柑橘黄龙病菌的柑橘叶片，及泰国某区和法属留尼汪岛感染柑橘黄龙病菌的长春花叶片，作为病原分子生物学研究的基本材料，利用不同引物（表2-2）通过PCR扩增了柑橘黄龙病病原的16S rDNA、16S/23S rDNA间隔区、核糖体蛋白基因和外膜蛋白基因，通过限制性片段长度多态性(restriction fragment length polymorphism，RFLP)对各基因的PCR产物进行了分析，并在PCR产物测序后分析了其基因序列及构建了系统发育树，以此来比较浙江柑橘黄龙病病原与国内其他省份及国外地区柑橘黄龙病病原的基因差异。

表 2-2 用于扩增柑橘黄龙病菌基因的引物

引物名称	引物序列(5′—3′)	扩增基因
OI1	GCGCGTATGCAATACGAGCGGCA	16S rDNA
OI2C	GCCTCGCGACTTCGCAACCCAT	
IR1	TGCTGTTGTGAAGCAGCGT	16S/23S rDNA 间隔区
IR2	CAAAAGGTACGCCGTCAGC	
β1	ATGAGTCAGCCACCTGTAAG	核糖体蛋白基因
β2	ATTTCTACGCTCTTTCCTTGTC	
OMP5	GATGATAGGTGCATAAAAGTACAGAAG	外膜蛋白基因
OMP3	AATACCCTTATGGGATACAAAAA	

一、16S rDNA 和 16S/23S rDNA 间隔区

（一）RFLP 图谱分析

分别以引物OI1/OI2C和IR1/IR2扩增黄龙病菌不同菌株的16S rDNA和16S/23S rDNA间隔区，然后用限制性内切酶*Hae*Ⅲ、*Msp*Ⅰ、*Hinf*Ⅰ和*Alu*Ⅰ酶切16S rDNA的扩增产物，用*Hae*Ⅲ、*Hinf*Ⅰ、*Rsa*Ⅰ

和 *Alu* Ⅰ 酶切 16S/23S rDNA ISR 的扩增产物。从结果可以看出，不同的内切酶消化处理后产生不同大小的条带（图 2-3），但浙江、福建、广西、江西、法属留尼汪岛和泰国某区 6 个不同地区菌株相互之间无明显差异，未表现出多态性。

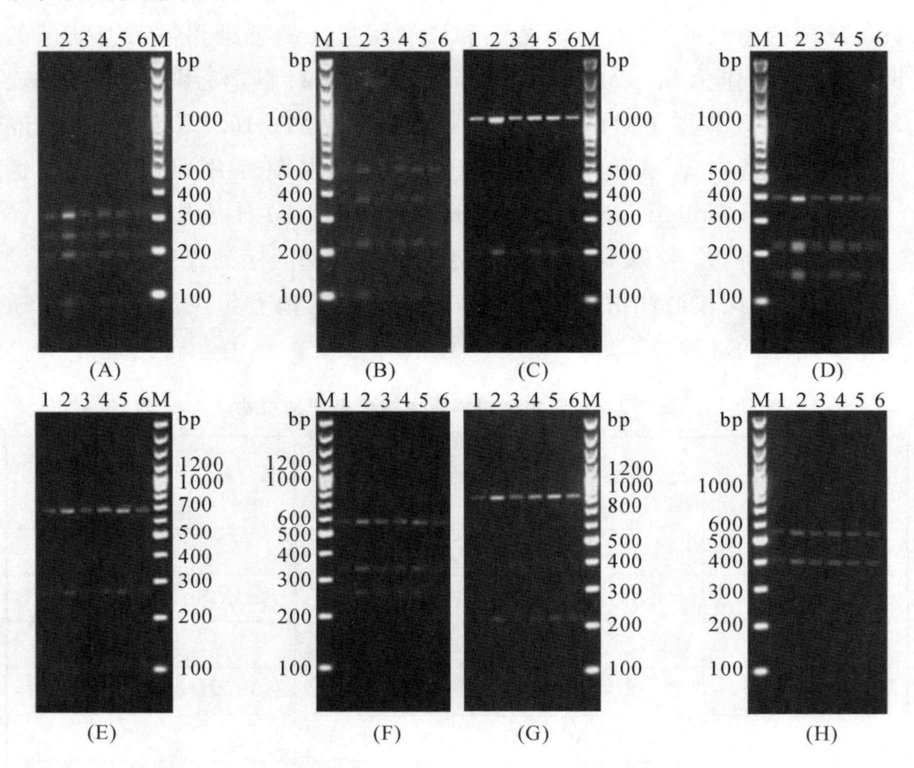

（A）～（D）依次为限制性内切酶 *Hae* Ⅲ、*Msp* Ⅰ、*Hinf* Ⅰ 和 *Alu* Ⅰ 对 16S rDNA 的酶切结果；（E）～（H）依次为限制性内切酶 *Hae* Ⅲ、*Hinf* Ⅰ、*Rsa* Ⅰ 和 *Alu* Ⅰ 对 16S/23S rDNA ISR 的酶切结果；M：DNA 分子量标准；1 为浙江菌株；2 为福建菌株；3 为广西菌株；4 为江西菌株；5 为法属留尼汪岛菌株；6 为泰国某区菌株。

图 2-3　黄龙病菌 16S rDNA 和 16S/23S rDNA 间隔区的 RFLP 图谱

（二）基因序列分析

测序鉴定引物 IR1/IR2 所扩增产物的长度为 1107bp，包括近全长的 16S/23S rDNA 间隔区序列，其中含 74bp 的 $tRNA^{Ile}$ 区域和 73bp 的

$tRNA^{Ala}$区域。经 NCBI BLAST(序列相似性搜索程序)比对发现,浙江、福建、广西、江西、法属留尼汪岛和泰国某区 6 个不同地区菌株的核酸序列与 GenBank(核酸序列数据库)中黄龙病菌亚洲种的 16S/23S rDNA ISR 序列的相似性均高达 99%～100%,与非洲种相似性为 85%～86%,与美洲种相似性为 80%,与感染茄科新种相似性为 84%～85%。通过多重序列比对发现(图 2-4),浙江、福建、广西、江西、法属留尼汪岛和泰国某区 6 个不同地区菌株的 16S/23S rDNA ISR 序列不存在碱基差异,相似性为 100%。

```
T          TCAGTCGGTAGAGCGCCTGCTTTGCAAGCAGGATGCCAGCGGTTCGATTC   250
F          TCAGTCGGTAGAGCGCCTGCTTTGCAAGCAGGATGCCAGCGGTTCGATTC   250
Jiangxi    TCAGTCGGTAGAGCGCCTGCTTTGCAAGCAGGATGCCAGCGGTTCGATTC   250
Guangxi    TCAGTCGGTAGAGCGCCTGCTTTGCAAGCAGGATGCCAGCGGTTCGATTC   250
Zejiang    TCAGTCGGTAGAGCGCCTGCTTTGCAAGCAGGATGCCAGCGGTTCGATTC   250
Fujian     TCAGTCGGTAGAGCGCCTGCTTTGCAAGCAGGATGCCAGCGGTTCGATTC   250
Consensus  tcagtcggtagagcgcctgctttgcaagcaggatgccagcggttcgattc

T          CGCTCGGCTCCACCATTGGCGTAATTATGGAATTTTGTTCTGATTTTTTG   300
F          CGCTCGGCTCCACCATTGGCGTAATTATGGAATTTTGTTCTGATTTTTTG   300
Jiangxi    CGCTCGGCTCCACCATTGGCGTAATTATGGAATTTTGTTCTGATTTTTTG   300
Guangxi    CGCTCGGCTCCACCATTGGCGTAATTATGGAATTTTGTTCTGATTTTTTG   300
Zejiang    CGCTCGGCTCCACCATTGGCGTAATTATGGAATTTTGTTCTGATTTTTTG   300
Fujian     CGCTCGGCTCCACCATTGGCGTAATTATGGAATTTTGTTCTGATTTTTTG   300
Consensus  cgctcggctccaccattggcgtaattatggaattttgttctgattttttg
```

图 2-4　不同黄龙病菌菌株 16S/23S rDNA ISR 序列的多重比对(部分)

二、核糖体蛋白基因

(一)RFLP 图谱分析

以引物 β1/β2 扩增黄龙病菌核糖体蛋白基因,分别用限制性内切酶 *Ssp* Ⅰ、*Taq* Ⅰ、*Hinf* Ⅰ、*Alu* Ⅰ 酶切纯化的核糖体蛋白基因 PCR 产物,结果见图 2-5。可以看出:*Ssp* Ⅰ 的酶切产物产生 2 种类型的电泳谱带,浙江菌株有别于福建、广西、江西、法属留尼汪岛和泰国某区 5 个地区的菌株(图 2-5A);*Taq* Ⅰ 的酶切产物产生 2 种类型的电泳谱带,广西菌株有别于浙江、福建、江西、法属留尼汪岛和泰国某区 5 个地区的菌株(图 2-5B);*Hinf* Ⅰ 的酶切产物和 *Alu* Ⅰ 的酶切产物分别只产生 1 种类型的电泳谱带,浙江、福建、广西、江西、法属留尼汪岛和泰国某区 6 个地区的菌株完全一致(图 2-5C,图 2-5D)。初步表明浙江、福建、广西、江西、法属留尼汪岛和泰国某区不同地区的黄龙病菌核糖体蛋白基因存在一定的多态性。

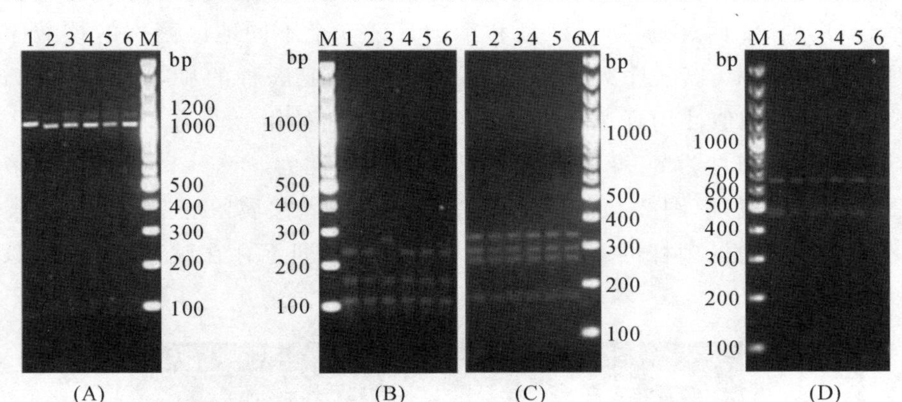

(A)～(D)依次为限制性内切酶 *Ssp* Ⅰ、*Taq* Ⅰ、*Hinf* Ⅰ和 *Alu* Ⅰ对核糖体蛋白基因的酶切产物图谱；M:DNA 分子量标准；1～6 依次为浙江菌株、福建菌株、广西菌株、江西菌株、法属留尼汪岛菌株和泰国某区菌株。

图 2-5　核糖体蛋白基因的 RFLP 图谱

（二）基因序列分析

测序鉴定核糖体蛋白基因扩增产物序列全长为 1120bp，其中包括核糖体蛋白基因 *rplK* 部分序列、核糖体蛋白基因 *rplA* 全长序列和核糖体蛋白基因 *rplJ* 部分序列。经 NCBI BLAST 比对发现，浙江、福建、广西、江西、法属留尼汪岛和泰国某区 6 个不同地区菌株的核酸序列与 GenBank 中其他国家和地区黄龙病菌亚洲种的核糖体蛋白基因序列的相似性为99%～100%，与非洲种相似性 85%，与美洲种相似性为 77%～80%。对核糖体蛋白基因序列推导出的氨基酸序列进行比对发现，浙江、福建、广西、江西、法属留尼汪岛和泰国 6 个不同地区菌株的氨基酸序列与 GenBank 中其他国家和地区黄龙病菌亚洲种相似性为 99%～100%，与非洲种相似性为 88%，与美洲种相似性为 80%。通过 DNAman（一款分子生物学应用软件）对核酸序列进行多重比对发现（表 2-3），浙江、福建、广西、江西、法属留尼汪岛和泰国某区 6 个不同地区菌株的核糖体蛋白基因之间存在碱基差异，*rplK* 部分序列有 2 处差异，*rplA* 全长序列有 7 处差异，*rplJ* 部分序列不存在差异。对氨基酸序列进行多重比对发现，

各菌株核糖体蛋白 *rplK* 和 *rplJ* 的氨基酸序列完全一致，不存在差异，因此认为在 *rplK* 核酸序列中存在的 2 处碱基突变应为同义突变；而在 *rplA* 全长氨基酸序列中发现了 5 个差异位点(图 2-6)，因此分析在其核酸序列中存在的另外 2 处差异应为同义突变。

表 2-3 不同菌株之间核糖体蛋白基因的碱基差异

菌株所在地区	碱基位置								
	rplK				*rplA*				
	93	108	294	343	348	417	470	485	499
浙江	T	C	A	A	T	T	A	A	C
福建	T	T	G	G	T	C	A	A	T
广西	T	T	G	A	T	T	G	A	T
江西	C	T	G	A	T	T	A	G	T
法属留尼汪岛	T	T	G	A	A	T	A	A	T
泰国某区	T	T	G	A	T	T	A	A	T

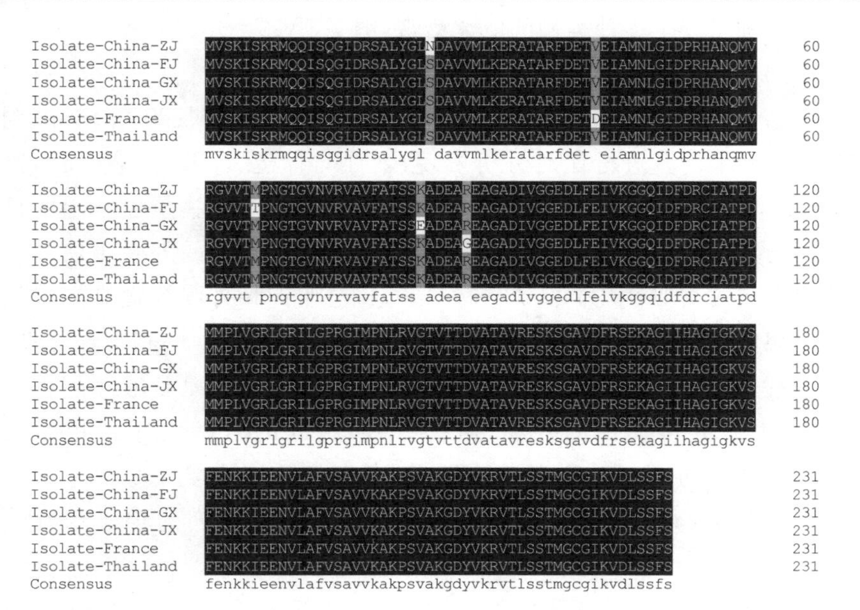

图 2-6 不同菌株核糖体蛋白基因 ***rplA*** 的氨基酸多重序列比对

三、外膜蛋白基因

(一)RFLP 图谱分析

以引物 OMP5/OMP3 扩增采自浙江台州的 11 个不同柑橘品种(本地早、椪柑、温州蜜柑、槾橘、温岭高橙、哈姆林甜橙、刘本橙、红橙、439 杂柑、金柑和玉环柚)上的黄龙病菌的外膜蛋白基因,分别用限制性内切酶 *Alu* Ⅰ、*Apo* Ⅰ、*Hinf* Ⅰ、*Rsa* Ⅰ、*Ssp* Ⅰ和 *Taq* Ⅰ酶切纯化后的外膜蛋白基因的 PCR 产物,结果显示不同品种上的黄龙病菌外膜蛋白基因经供试 6 种限制性内切酶酶切后均产生相同的谱带,未表现多态性。将其与浙江温州瓯柑、福建琯溪蜜柚叶、广西甜橙叶、广东椪柑叶、江西温州蜜柑,以及泰国某区和法属留尼汪岛长春花上黄龙病菌的外膜蛋白基因的 PCR 产物进行 RFLP 分析(图 2-7),结果显示:*Hinf* Ⅰ的酶切产物产生 2 种不同类型的电泳谱带,江西的分离物有别于其他 7 个地区的分离物(图2-7C);*Rsa* Ⅰ的酶切产物也产生 2 种不同类型的电泳谱带,广东的分离物有别于其他 7 个地区的分离物(图 2-7D);而 *Alu* Ⅰ、*Apo* Ⅰ、*Ssp* Ⅰ和 *Taq* Ⅰ的酶切产物分别只产生 1 种类型的电泳谱带(图 2-7A、2-7B、2-7E 和 2-7F)。

(二)基因序列分析

测序鉴定黄龙病菌外膜蛋白基因的核苷酸序列全长为 2346bp,利用 NCBI BLAST 对其进行比对分析发现,浙江与福建、广西、广东、江西以及泰国某区和法属留尼汪岛等 6 个不同地区黄龙病菌外膜蛋白基因的核苷酸序列与数据库中其他国家和地区的黄龙病菌亚洲种的外膜蛋白基因的核苷酸序列的相似性均高达 99%～100%,与非洲种外膜蛋白基因的核苷酸序列相似性仅为 73%左右,而与 *Ca.* L. solanacearum 的相似性更低,为 69%左右。对由外膜蛋白基因的核苷酸序列推导出的氨基酸序列进行比对发现,本研究各菌株的外膜蛋白基因所编码的氨基酸序列相似性为 99%～100%,与非洲种外膜蛋白基因相似性为 59% 左右,与 *Ca.* L. solanacearum的外膜蛋白基因编码的氨基酸序列的相似性为 55% 左右。

利用 DNAman 对各菌株的 *omp* 基因进行多重序列比对分析发现:来源于浙江台州地区的不同柑橘品种上的 11 个菌株、浙江温州菌株和法

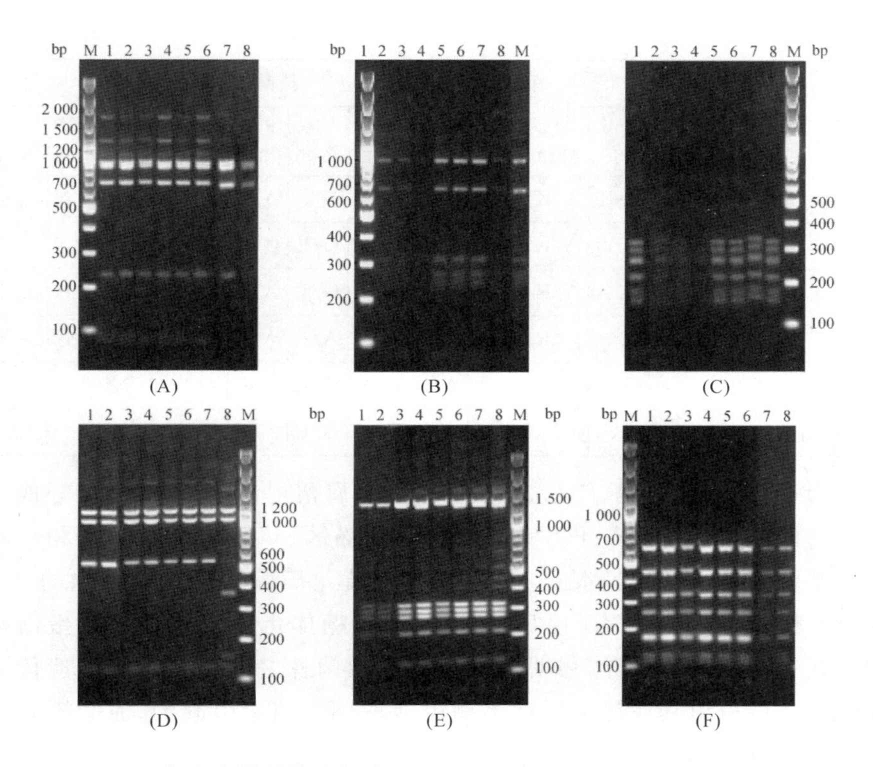

(A)～(F)依次为限制性内切酶 *Alu* Ⅰ、*Apo* Ⅰ、*Hinf* Ⅰ、*Rsa* Ⅰ、*Ssp* Ⅰ和 *Taq* Ⅰ的酶切产物图谱；1～8 依次为浙江台州、浙江温州、福建、广西、法属留尼汪岛、泰国某区、江西和广东菌株；M：DNA 分子量标准。

图 2-7 外膜蛋白基因的 RFLP 图谱

属留尼汪岛菌株的 *omp* 基因的核苷酸序列和氨基酸序列相似性为 100%，而与福建、广西、广东、江西以及泰国某区等地区的菌株之间表现出一定的碱基和氨基酸差异(表 2-4)。

表 2-4 不同菌株外膜蛋白基因的核酸和氨基酸差异

菌株所在地区	核酸位置/氨基酸位置(核酸/氨基酸)											
	66 /22	166 /56	341 /114	344 /115	642 /214	853 /285	915 /305	953 /318	1048 /350	1345 /449	1393 /465	2149 /717
浙江台州	T/S	G/A	A/K	T/I	A/R	G/V	G/L	A/E	A/K	A/N	A/N	A/T
浙江温州	T/S	G/A	A/K	T/I	A/R	G/V	G/L	A/E	A/K	A/N	A/N	A/T

续　表

菌株所在地区	核酸位置/氨基酸位置(核酸/氨基酸)											
	66/22	166/56	341/114	344/115	642/214	853/285	915/305	953/318	1048/350	1345/449	1393/465	2149/717
广东	T/S	A/T	A/K	T/I	A/R	G/V	G/L	A/E	A/K	A/N	A/N	A/T
广西	T/S	G/A	A/K	T/I	A/R	G/V	G/L	G/G	A/K	A/N	A/N	G/A
福建	T/S	G/A	A/K	T/I	G/R	G/V	G/L	A/E	A/K	A/N	C/H	A/T
江西	T/S	G/A	G/R	C/T	A/R	A/M	A/L	A/E	A/K	G/D	A/N	A/T
法属留尼汪岛	T/S	G/A	A/K	T/I	A/R	G/V	G/L	A/E	A/K	A/N	A/N	A/T
泰国某区	C/S	G/A	A/K	T/I	A/R	G/V	G/L	A/E	G/E	A/N	A/N	A/T

通过对浙江、福建、广东、广西、江西、法属留尼汪岛、泰国某区等地区黄龙病菌的16S rDNA、16S/23S rDNA间隔区、核糖体蛋白基因和外膜蛋白基因的分子变异情况进行分析，发现黄龙病菌不同地区菌株的16S rDNA和16S/23S rDNA保守性较好，而核糖体蛋白基因和外膜蛋白基因存在一定的分子差异，表明不同黄龙病菌菌株之间存在一定的遗传多样性。分析得出其遗传多样性多是由地理环境因素引起的，而受不同寄主品种影响较小。

第三章　柑橘黄龙病介体昆虫生物学特性及其传病规律

第一节　柑橘木虱生物学特性

柑橘木虱为同翅目木虱科昆虫，是柑橘新梢害虫之一，可危害芸香科柑橘属、金柑属、枳属、九里香属、吴茱萸属、黄皮属和花椒属等 7 属 26 种植物。柑橘木虱以成虫、若虫危害柑橘春、夏、秋三季新梢，以取食方式从病株吸获黄龙病菌成为携菌者并对健株传病，成为传播黄龙病的介体昆虫。

柑橘木虱作为柑橘新梢期的一种重要害虫，通常会聚集在柑橘嫩芽、幼叶等部位取食，以吸取嫩梢幼叶汁液或产卵等方式为害，造成嫩梢凋萎和新梢畸形，严重时导致叶片干枯脱落，同时该害虫还分泌蜜露，引发煤烟病。柑橘木虱也为柑橘黄龙病革兰阴性细菌唯一的自然传播介体，其虫口密度和带菌率是柑橘黄龙病发病流行的重要基础，与病情严重度存在显著正相关关系。

一、柑橘木虱形态特征

(一)柑橘木虱成虫形态特征

柑橘木虱是一种细小昆虫，两性卵生。如图 3-1 显示，成虫头部前方的两个颊锥明显凸出如剪刀状，休止时头部向下，雌雄个体大小差异不明显，一般体长(从头部到尾部)2.47～2.55mm，成虫取食时尾部翘起，虫体与叶片成45°。在体视显微镜下观察柑橘木虱成虫，可发现其触角有10节，鞭节黑色，末端有两条刚毛，足腿节粗大、黑色，胫节细长有刺状突起，附节2节，末端有2个爪；成虫有两对翅，前翅革质、有褐色斑纹，翅脉简单，属于木虱科昆虫的特征。柑橘木虱雌虫尾部具有坚韧的生殖板，呈锥状，肛门位于背生殖板上，产卵器包被在被腹两生殖板内；雄虫尾部背生殖板明显上翘，其内可见明显的阳茎和一对抱握器。

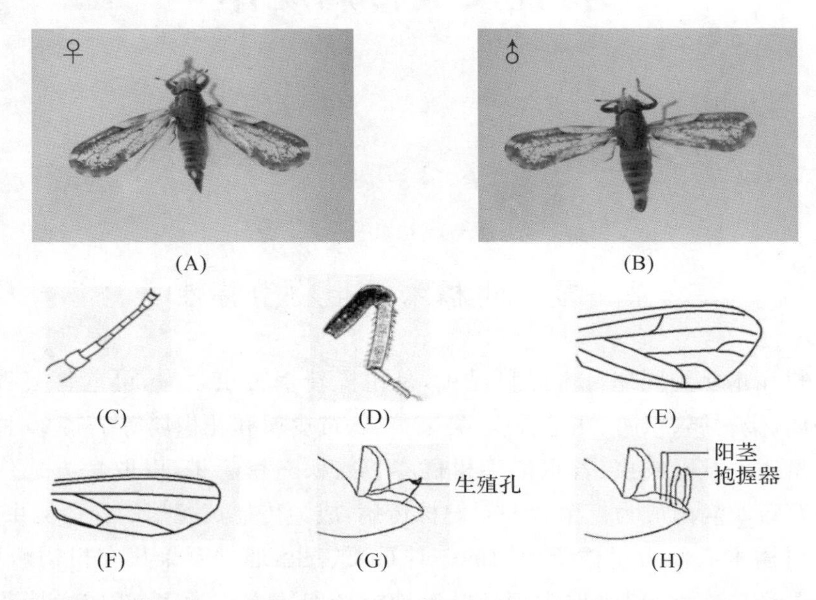

(A)雌成虫；(B)雄成虫；(C)触角；(D)足；(E)前翅；(F)后翅；(G)雌性生殖器；(H)雄性生殖器。

图3-1 柑橘木虱成虫形态特征

(资料来源：阮传清等，柑橘木虱主要形态与成虫行为习性观察)

(二)柑橘木虱卵与若虫形态特征

柑橘木虱卵似杧果形，长约0.3mm，宽约0.2mm，橘黄色，表面光滑，上尖下钝圆，有卵柄。卵散生、成排或成堆，孵化后，若虫以刺吸寄主植物嫩梢汁液为食，同时产生大量蜜露。若虫刚孵化时体扁平，黄白色，2龄后背部逐渐隆起，体黄色，有翅芽露出；3龄带有褐色斑纹；5龄若虫土黄色或带灰绿色，翅芽粗，向前突出，中后胸背面、腹部前有黑色斑状块，头顶平，触角2节(表3-1和图3-2)。

表 3-1　柑橘木虱卵及若虫各龄体长、体宽及形态特征

卵及若虫各龄形态		体长/mm	体宽/mm	形态特征
卵		0.250～ 0.300	0.100～0.200	杧果状,顶端尖细,末端钝圆,有一短柄,初产卵浅黄,较透明,后期变橙黄
若虫	1 龄	0.280～0.430	0.220～0.250	扁椭圆形,乳白色至淡黄色。两个红色复眼,无翅芽,单眼不可见
	2 龄	0.590～0.670	0.360～0.370	扁椭圆形,淡黄色至深黄色。两个红色复眼,胸部第二节出现翅芽
	3 龄	0.860～1.160	0.390～0.520	扁椭圆形,黄褐色,翅芽前缘伸至复眼后缘,后缘至腹部第三节,触角末端变黑,出现单眼
	4 龄	1.360～1.460	0.620～0.860	椭圆形,黄褐色略带有黄绿色,翅宽大。体色变深,复眼变大,翅芽前缘超过复眼,后缘超过腹部第三节,触角末端变黑
	5 龄	1.563 ± 0.004	0.560 ± 0.021	椭圆形,体色深,纹理清楚,背面略隆起,黄绿色带有褐色斑纹。后期转青绿色,体缩短,腹部开始隆起。触角上刚毛清晰,除基部全部变黑

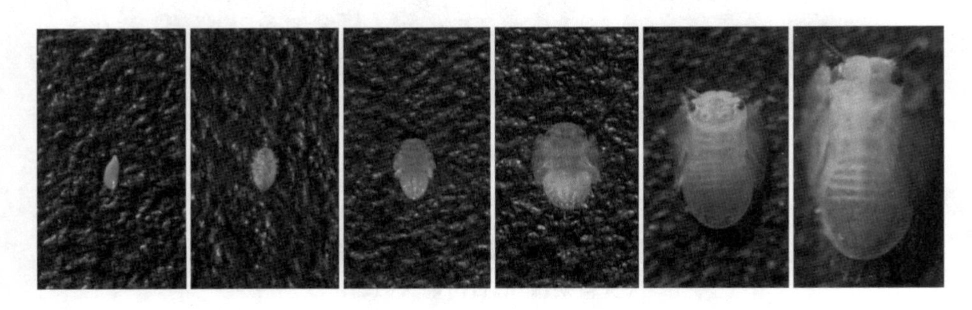

图 3-2　柑橘木虱卵及幼虫形态特征
(资料来源:阮传清等,2012)

二、柑橘木虱生活习性

(一)成虫行为习性

初羽化成虫多栖息于新梢叶芽上,不久后分散在叶背叶脉上和芽上栖息取食,有时也在叶柄和嫩枝上。对老叶、成熟叶、嫩叶均可吸食,无特别嗜食嫩叶、幼芽的习性。在叶上时,多在叶背主脉和侧脉上,叶面和叶

缘少见。成虫无论取食休止或爬行，都是头部向下，虫体约呈 45°倾斜。成虫除交尾产卵期经常爬动外，若不受惊扰则极少爬行、跳动与飞翔，但种群具有一定的迁飞扩散能力，据张林锋等监测研究，柑橘木虱成虫具低空迁飞能力，越冬成虫 3 月底开始产卵，5 月初首次监测到向北扩散 5000m，到 6 月中旬再向北扩散 2500m。一般初羽化成虫需吸食嫩叶汁液 2～3 天补充营养才能性成熟，性成熟雌成虫产卵期腹部丰满呈橙黄色，频繁爬行于枝梢嫩芽间，此时雌成虫和雄成虫寻找对方进行交配（图 3-3A），交配 1～2 天后，雌成虫选择嫩芽、嫩叶、嫩梗、叶腋等处通过坚韧的产卵鞘产卵，以产卵在嫩芽的芽缝、芽心最为常见（图 3-3B）；卵除少数散生外，多数密集且排列整齐，常堆列 1～2 行或数行，以卵柄插入植株组织而固着，约呈 15°倾斜。同时雌成虫还会产生大量蜜露（图 3-3C）。柑橘木虱成虫喜空旷透光处，具趋黄色、趋红色及趋嫩性等特点。

(A)　　　　(B)　　　　(C)

(A)成虫交配；(B)成虫产卵；(C)若虫取食。

图 3-3　柑橘木虱的交配、产卵、若虫取食

(资料来源：阮传清等，2012)

（二）越冬成活率

越冬成虫因冬季气温不同成活率差异较大，2003—2004 年对温州乐清橘园柑橘木虱越冬情况调查观察发现，2003 年 12 月下旬至 2004 年 2 月上旬日平均气温 8.1℃，观察 160 头成虫存活 73 头，成活率 45.6%；2004 年同期日平均气温 7.2℃，成活率 36.7%。2010 年 12 月下旬至 2011 年 2 月上旬对台州黄岩橘园柑橘木虱系统调查发现，日平均气温 5.3℃，成活率 12.9%。其成活率高低与冬季气温存在显著线性相关，初步分析表明柑橘木虱成虫冬季（12 月下旬至次年 2 月上旬）存活的临界气温为5℃左右，一般需持续10～30天。

（三）若虫羽化

初孵若虫爬离卵堆，在就近的叶芽、叶柄及嫩枝上栖息吸食，若不受惊扰则极少爬动，但在发育过程中逐渐向嫩枝下方移动。发生量多时嫩枝叶片上累累皆是。各龄若虫均可自腹部腹面近末端产生白色分泌物，这些分泌物黏湿有甜味，容易引发煤烟病。浙江柑橘木虱田间发生世代重叠现象明显，若虫一般在5月上旬至11月下旬期间均可见陆续羽化。经对25批次538头若虫羽化观察，受气候环境因素影响的柑橘木虱若虫羽化率高低差异大。如雨水多湿度大则羽化率低，最低羽化率仅为20%；环境条件适宜则羽化率高，最高可达100%；平均羽化率为88%。

（四）雌雄性比

根据对浙南7代柑橘木虱发生区的调查观察，全年调查柑橘木虱雌雄成虫841头（表3-2），其总雌雄性比为1∶0.94，其中雌雄数量结构变化较大的为第Ⅴ代和第Ⅵ代，其性别比值分别是1∶0.68和1∶1.37，推测性别比受气候因素影响较大，其他各代基本处于1∶1性别比水平。

表3-2 浙南柑橘园柑橘木虱各代成虫性别比调查统计

代别	总虫数	雌虫数	雄虫数	雌∶雄
Ⅰ	145	79	66	1∶0.84
Ⅱ	105	52	53	1∶1.02
Ⅲ	125	63	62	1∶0.98
Ⅳ	160	85	75	1∶0.88
Ⅴ	62	37	25	1∶0.68
Ⅵ	109	46	63	1∶1.37
Ⅶ	135	71	64	1∶0.90

三、浙江柑橘木虱分布动态

根据浙江植物检疫机构历年监测普查，浙江柑橘木虱发生分布及其北缘地理位置，随着年度推进逐渐向北螺旋式扩展。1982年分布于浙南的温州、丽水、台州等 3 市 15 个县(市、区),北缘地理为缙云,纬度为 28.75°N;1996 年分布范围扩大至温州、丽水、台州等 4 市 19 个县(市、区),北缘地理位置仍在缙云,但纬度为 28.95°N;2003 年发生范围扩展至温州、丽水、台州、金华、宁波、衢州等 6 市 41 个县(市、区),北缘地理位置为奉化,纬度上升为 29.78°N;2010 年回缩至温州、丽水、台州等 3 市 22 个县(市、区),北缘地理位置为天台,纬度回缩至 29.13°N;2014 年发生范围为温州、丽水、宁波、台州、金华等 5 市 28 个县(市、区),北缘地理为象山,纬度上移为 29.48°N,总体目前处北纬 30°N 内。

四、柑橘木虱发生历期与繁育参数

(一)发生历期

浙江柑橘木虱主要以成虫形态在柑橘叶片背面越冬,自南而北为无完全滞育越冬至滞育越冬,但若果园有冬芽萌发,则可见到越冬态卵和若虫。经饲养观察和发育起点温度测算,浙江室内 1 年发生 11～14 代,室外果园 1 年发生 5～7 代,世代重叠现象严重。

成虫寿命:成虫寿命在温暖季节可达 45 天,在越冬期可长达 200 天。一般非越冬代平均为 21.3～65.1 天。

卵期:一般在气温 13～15℃条件下可长达 12～13 天,16～18℃条件下为 9～11 天,21℃左右时为 5～6 天,24～30℃条件下为 3～4 天。因此一般在适温 22～28℃条件下卵期为 3～6 天。

若虫期:若虫期常因气温不同而表现不一。当旬平均气温 18～20℃时为 22～27 天;当气温 24℃左右时为 15 天;高温干旱能引起滞育,若虫期可长达 37 天。一般 7 月气温在 28～29℃时为 13～18 天,8 月气温在 28℃左右时为 10～14 天,11～12 月气温在 12～17℃时为 33 天。因此在适温条件下若虫期一般为 7～12 天。

产卵前期:柑橘木虱成虫羽化后需有一段较为明显的营养补充期,即经历产卵前期后产卵,代别之间差异大。越冬代常处于越冬生活状态,一般待越冬期结束后成虫即可产卵。非越冬代产卵前期为 8.5～17.6 天。

世代历期:随气温变化差异大,一般春季完成一个世代需长达 67 天,7、8 月完成一个世代需 20～22 天。各代平均为 22～56 天。但越冬代历期平均为195天。

2003—2004年经对温州乐清柑橘园柑橘木虱的观察，田间成虫一般于11月中下旬在柑橘园开始越冬，到次年2月底或3月上旬结束越冬开始产卵，故将这一代成虫称为越冬代成虫。此后一直产卵孵化若虫、羽化成虫6～7代，与橘园春梢、春夏梢、夏梢、夏秋梢、秋梢抽发期较相吻合(表3-3)。

表3-3 浙南柑橘园柑橘木虱发生历期观察

代别	2003年			2004年		
	成虫高峰	卵高峰	若虫高峰	成虫高峰	卵高峰	若虫高峰
Ⅰ	3月10日	4月17日	5月5日	2月25日	4月14日	5月7日
Ⅱ	5月11日	6月4日	6月10日	5月1日	6月7日	6月14日
Ⅲ	6月10日	7月4日	7月10日	6月6日	7月1日	7月7日
Ⅳ	7月10日	7月28日	8月5日	7月5日	7月31日	8月6日
Ⅴ	8月15日	8月21日	8月27日	8月15日	8月24日	8月29日
Ⅵ	9月8日	9月20日	9月26日	9月12日	9月21日	9月28日
Ⅶ	10月14日	11月1日	11月7日	10月5日	10月10日	11月17日

注：Ⅰ代成虫高峰为越冬成虫越冬后活动高峰。

（二）繁育参数

柑橘木虱成虫一般从3月中下旬到11月上旬均可见产卵，产卵期各代平均21天(1～72天)，70%左右为30天内结束。每头雌成虫日产卵量最少1粒，最多120粒，平均可产卵186粒(3～762粒)；据黄建等观察，在福建一头雌虫产卵量最高1893粒，平均630～1230粒。柑橘木虱卵孵化率高，通过33批次1952粒统计，其中26批次1283粒全部孵化，7批次669粒孵化，孵化率为92.6%～98.9%，平均孵化率为95.5%(表3-4)。

表3-4 柑橘木虱不同代别产卵习性调查

代别	越冬期或产卵前期/d				产卵期/d				产卵量/粒			
	虫数	最短	最长	平均	虫数	最短	最长	平均	虫数	最少	最多	平均
Ⅰ	10	151	202	161.0*	10	9	72	26.3	10	51	762	206.3

续 表

代别	越冬期或产卵前期/d				产卵期/d				产卵量/粒			
	虫数	最短	最长	平均	虫数	最短	最长	平均	虫数	最少	最多	平均
Ⅱ	9	11	30	17.4	9	4	41	19.1	9	36	573	227.3
Ⅲ	8	11	26	15.3	8	7	38	19.6	8	96	278	172.0
Ⅳ	10	6	24	10.8	10	11	48	30.4	10	13	456	263.2
Ⅴ	10	7	11	8.6	10	1	72	20.4	10	22	527	177.1
Ⅵ	10	8	18	11.4	10	1	61	26.5	10	7	430	179.8
Ⅶ	9	9	26	17.6	9	1	19	9.3	9	3	225	94.6

注：Ⅰ代成虫为越冬成虫越冬期而非产卵前期。

第二节 柑橘园柑橘木虱种群数量消长规律

一、柑橘园柑橘木虱种群结构及其变化动态

根据2004年对温州乐清雾湖柑橘园柑橘木虱系统监测的结果显示，自1月1日开始到12月30日，每6～8天调查1次，每次调查20株(每株调查各方位5枝梢)柑橘木虱的成虫数量、若虫数量及卵粒数量，结果如图3-4

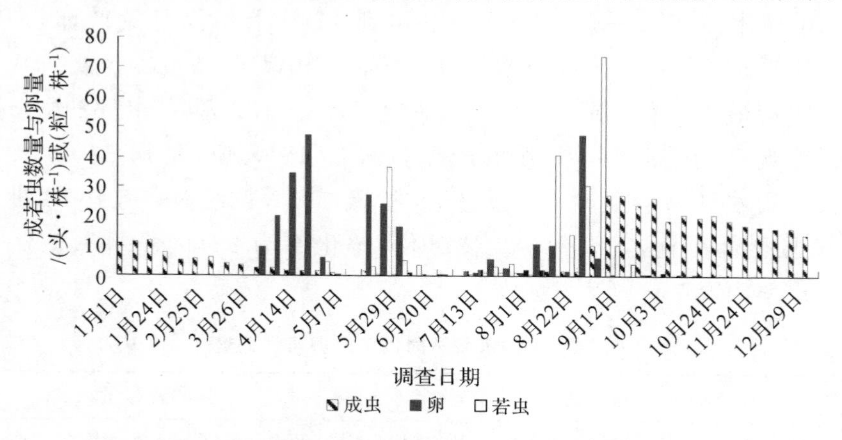

图3-4 柑橘园柑橘木虱种群结构及数量变化动态

所示。从图 3-4 可见，柑橘木虱种群 4 月份平均消长虫梢率 58.6%，以卵态为主，橘树平均每株着卵量 27.15 粒，成虫 1.65 头，若虫 1.25 头；5 月份平均虫梢率 29.3%，卵态和若虫态并存，平均每株着卵量 17.25 粒，若虫 13.15 头，成虫 0.65 头；6 月份平均虫梢率 11.3%，显现虫态都不明显且相对处于低位期，平均每株卵量 0.25 粒，若虫 1.15 头，成虫 0.5 头；7 月份平均虫梢率 16.3%，为卵态、若虫态与成虫态并存且相对数量仍处低位，平均每株卵量 3.0 粒，若虫 3.05 头，成虫 0.95 头；8 月份平均虫梢率 48.8%，为卵态、若虫态与成虫态三态并存且相对若虫态数量高位突出，平均每株卵量 17.60 粒，若虫 21.75 头，成虫 3.30 头；9 月份平均虫梢率 88.0%，以成虫态为主且虫口数量处于高位，平均每株卵量 0.5 粒，若虫 5.2 头，成虫 26.3 头；10 月及以后平均虫梢率 78.1%，持续以成虫态为主，虫口数量处于中高位，平均每株成虫 17.85 头。

二、柑橘园柑橘木虱种群数量消长规律

根据 2004—2015 年定园定树定期或不定园不定树不定期随机抽样，对柑橘园柑橘木虱成若虫数量年度变化和季节性波动情况进行调查，每个果园抽样调查一般以五点式确定调查柑橘树若干株，每株东、南、西、北、中 5 个方位各定梢 1 个(即每株抽样 5 梢)进行相关虫情系统调查和观察，结果见图3-5。如图 3-5 显示，柑橘园柑橘木虱成若虫种群数量季节性消长呈现

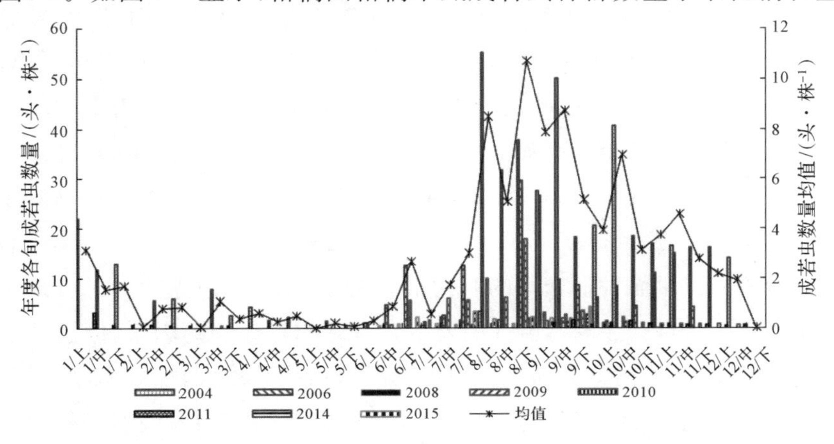

图 3-5 柑橘园柑橘木虱成若虫种群数量消长动态

规律性变化，若冬春气温偏高则越冬成虫开始活动早，甚至浙南地区冬季无完全滞育现象，则种群数量大；若冬春季气温低则种群开始活动迟，甚至春梢期田间也较难看见越冬成若虫；随着春季气温上升以及春夏梢生长，尤其是进入 6 月后种群活动开始频繁；进入 7、8 月夏梢生长期，种群数量上升加快；9、10 月秋梢生长期种群数量进入秋季高峰期，11 月成虫进入越冬期。虽然年度之间峰期和数量存在较大差异，但经历年均值化处理发现，果园柑橘木虱全年主要存在 6～7 个数量高峰期。第 1 个峰期为 3 月中旬(2 月下旬至 4 月上旬)，主要为越冬成虫活动期，第 2 个峰期为 6 月中下旬，第 3 个峰期为 8 月上旬，第 4 个峰期为 8 月下旬，第 5 个峰期为 9 月中旬，第 4、5 个峰期常重叠发生，第 6 个峰期为 10 月中旬，第 7 个峰期为 11 月中旬。这种变化趋势与田间橘树挂果和果实逐步成熟趋势基本相似。纵观种群数量消长规律，成若虫数量以 7—11 月发生数量最大，约占全年 80%，夏峰连接秋峰，尤其秋峰持续时间长、数量大，对柑橘挂果生长和柑橘黄龙病传播潜存较大威胁。

三、气象要素对柑橘园柑橘木虱种群数量消长的影响

(一)气象要素与柑橘木虱种群数量关系动态模型

对 2004 年乐清柑橘园和 2014 年临海柑橘园柑橘木虱成虫种群数量系统监测数据与其气象要素逐步进行回归分析(表 3-5)，结果表明当旬柑橘园柑橘木虱成虫数量与其之前第 3 个旬气象要素(时差 1 个月)存在极显著的复合相关关系。若设当旬柑橘园柑橘木虱成虫数量为 Y(头/旬·株)，其之前第 3 个旬气温、雨量、日照要素分别为 $T_{(n-3)}$(℃)、$R_{(n-3)}$(mm) 和 $S_{(n-3)}$(h)，则复合关系数学模型为 $Y = 0.2812T_{(n-3)} + 0.0721R_{(n-3)} + 0.1708S_{(n-3)} - 9.2910$，$df = (3,68)$，$F = 16.2282$，$P_{(Y,T)} = 0.1213$，$P_{(Y,R)} = 0.0003$，$P_{(Y,S)} = 0.0033$，$P = 0.0001$，($R = 0.6459^{**}$，$r_{0.01} = 0.3104$)，表明气象要素对柑橘木虱种群繁衍的制约十分明显，其影响时差为 30 天(即 1 个月或相当于 1 个世代左右)，虽气象要素自身之间存在制约因素，但总体上种群数量随气温上升、雨量充沛和日照加长而繁衍系数加大，虫口密度升高，反之则降低。因此，利用此气象要素数学模型可开展柑橘园柑橘木虱种群数量预测，对及时掌握橘园柑橘木虱种群动态具有十分重要的意义。

表 3-5 桔园柑桔木虱成种群数量与气象要素对应调查

序号	2004 年度乐清监测						2014 年度临海监测					
	成虫数量			气象要素			成虫数量			气象要素		
	监测旬期	头/株	对应旬期	气温/℃	雨量/mm	日照/h	监测旬期	头/株	对应旬期	气温/℃	雨量/mm	日照/h
1	1/上	22.10	12/上	11.8	11.7	45.1	1/上	0	12/上	8.5	55.9	40.4
2	1/中	11.90	12/中	7.4	4.0	64.6	1/中	0	12/中	5.0	5.0	66.2
3	1/下	13.00	12/下	9.5	0.8	65.4	1/下	0	12/下	8.8	64.9	26.5
4	2/上	0	1/上	11.6	0.5	17.3	2/上	0	1/上	6.0	4.8	43.2
5	2/中	5.55	1/中	8.2	33.2	19.4	2/中	0	1/中	10.4	75.3	14.0
6	2/下	6.00	1/下	4.8	3.2	52.4	2/下	0	1/下	8.9	9.0	14.8
7	3/上	0	2/上	6.6	30.2	38.8	3/上	0	2/上	6.9	1.9	36.6
8	3/中	7.85	2/中	12.4	10.0	57.4	3/中	0	2/中	9.6	16.0	23.3
9	3/下	2.50	2/下	13.7	25.9	52.3	3/下	0	2/下	9.3	54.1	5.6
10	4/上	4.25	3/上	9.4	58.4	71.1	4/上	0	3/上	11.1	23.4	44.6
11	4/中	1.70	3/中	12.8	14.0	13.2	4/中	0	3/中	11.2	30.2	39.1
12	4/下	2.30	3/下	13.1	45.2	23.8	4/下	0	3/下	13.8	12.9	55.6
13	5/上	0.05	4/上	14.2	38.1	67.1	5/上	0	4/上	18.3	43.9	44.1
14	5/中	1.55	4/中	18.3	24.5	45.5	5/中	0	4/中	15.1	24.1	57.3
15	5/下	0.50	4/下	18.6	4.8	41.0	5/下	0	4/下	18.4	6.6	42.3

续 表

序号	2004年度乐清监测						2014年度临海监测					
	成虫数量			气象要素			成虫数量			气象要素		
	监测旬期	头/株	对应旬期	气温/℃	雨量/mm	日照/h	监测旬期	头/株	对应旬期	气温/℃	雨量/mm	日照/h
16	6/上	1.00	5/上	20.6	64.5	57.5	6/上	0.87	5/上	21.6	48.6	39.7
17	6/中	0.65	5/中	21.6	74.8	24.8	6/中	4.67	5/中	19.0	145.8	20.5
18	6/下	0.40	5/下	24.1	16.9	73.1	6/下	8.67	5/下	22.2	82.8	31.5
19	7/上	0.55	6/上	21.9	17.8	50.8	7/上	5.33	6/上	22.0	210.0	36.4
20	7/中	2.20	6/中	25.5	48.3	50.9	7/中	2.67	6/中	24.8	88.3	49.6
21	7/下	1.70	6/下	27.7	15.3	56.7	7/下	6.00	6/下	28.3	120.2	68.4
22	8/上	3.35	7/上	28.0	126.9	66.3	8/上	14.00	7/上	30.1	27.6	71.4
23	8/中	1.70	7/中	28.9	2.4	88.6	8/中	39.66	7/中	28.8	155.6	52.3
24	8/下	37.90	7/下	29.2	5.4	112.1	8/下	26.60	7/下	28.9	59.4	89.4
25	9/上	27.60	8/上	29.4	0.5	93.6	9/上	14.47	8/上	28.6	120.1	78.5
26	9/中	50.20	8/中	28.7	382.9	61.8	9/中	20.47	8/中	29.6	0	93.9
27	9/下	18.35	8/下	28.5	204.8	59.7	9/下	8.93	8/下	29.4	5.4	89.6
28	10/上	20.55	9/上	27.0	22.0	36.2	10/上	10.47	9/上	26.3	84.8	30.7
29	10/中	40.65	9/中	25.3	120.0	34.1	10/中	8.47	9/中	23.1	74.8	38.6
30	10/下	18.55	9/下	23.7	38.2	60.9	10/下	4.53	9/下	23.6	0	89.0

续 表

序号	2004年度乐清监测						2014年度临海监测					
	成虫数量			气象要素			成虫数量			气象要素		
	监测旬期	头/株	对应旬期	气温/℃	雨量/mm	日照/h	监测旬期	头/株	对应旬期	气温/℃	雨量/mm	日照/h
31	11/上	17.00	10/上	21.6	0	85.0	11/上	5.40	10/上	23.5	0	66.6
32	11/中	16.60	10/中	21.6	0	87.9	11/中	10.60	10/中	23.3	0	66.2
33	11/下	16.25	10/下	20.1	8.6	80.3	11/下	13.00	10/下	21.9	94.8	64.9
34	12/上	16.15	11/上	19.3	54.0	61.1	12/上	1.47	11/上	19.3	0	69.4
35	12/中	14.15	11/中	16.4	14.2	34.1	12/中	0	11/中	16.9	20.8	35.7
36	12/下	0	11/下	15.6	0	58.2	12/下	0	11/下	15.2	36.9	18.6

（二）冬季气候对越冬代成虫成活和夏秋气候对夏秋种群数量的影响

对冬季（12月上旬至2月下旬）气象资料分析，2000—2016年冬季旬平均雨量22.3mm，平均日照35.7h，则$Y = 0.3853\,T_{(n-3)} + 0.0818\times22.3+0.1465\times35.7-9.2056$，得$Y = 0.3853\,T_{(n-3)} - 2.1514$，当$Y=0$时，$T_{(n-3)} = 5.58\approx6$，由此可知柑橘园柑橘木虱常年冬季成虫活动的理论临界最低气温为旬均6℃，低于此气温则较难成活或处于滞育状态；若冬季旬平均雨量为0mm，旬平均日照35.7h，则冬季成虫活动的旬平均临界最低气温为11（10.31≈11）℃，即在干燥无雨的冬季低于11℃越冬成虫一般也会处滞育状态且成活率低。同样，近年冬季旬平均气温7.5℃，常年可得冬季成活的理论临界最少雨量为旬平均13（13.27≈13）mm，临界日照旬平均为31（30.66≈31）h，低于此雨量或日照则越冬基数低、难越冬或处滞育状态，反之虫口数量随之增加，活动频繁。柑橘园进入挂果期（6—11月），柑橘木虱种群总体随气温T（℃）、雨量R（mm）和日照S（h）三个要素综合影响而变化，在前期主要随气温要素日趋上升而虫口数量增加，一般到夏季种群数量渐趋夏峰，然后受秋雨和秋季日照拉长之影响，常易在后期形成秋季高峰，其峰值甚至超过夏季，加上柑橘园梢枝抽发和树体挂果以及柑橘木虱代别重叠繁衍，致使柑橘园柑橘木虱种群数量起伏变化，形成柑橘园柑橘木虱种群数量夏秋多峰型变化规律。

第三节　柑橘木虱传病特性及其传病参数

一、柑橘木虱传病原理

图3-6显示，柑橘木虱成虫或若虫（无HLB菌携带）在感染黄龙病菌的柑橘病苗或病树上通过刺吸汁液取食后（即吸食HLB菌，简称吸菌），通过口器将HLB菌带入体内消化道而获得病菌（简称获菌），获菌成功的成若虫再经过消化道在体内繁殖HLB细菌使之成为HLB菌的携带者（简称带菌），柑橘木虱一旦获菌则终生带菌，然后在健苗或健树上再次取食或持续取食，将体内的HLB菌经唾液腺等从取食口针传染给无病橘树或无病橘苗进入植株韧皮部细胞（简称携菌传菌），经过HLB菌潜伏期

后植株 PCR 检测呈阳性(感染)或表现黄龙病发病症状(显症)。

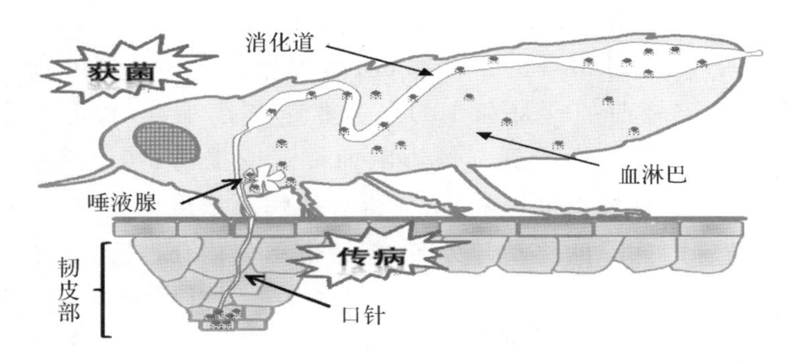

图 3-6　柑橘园柑橘木虱成若虫吸菌、获菌、带菌、携菌、传菌

二、柑橘木虱带菌率周期性变化

2004 年 5 月至 2005 年 4 月对种植 48 株(面积 400m^2)、树龄 23 年、Nested-PCR 检测病株率 91.7%的温州蜜柑果园,逐月采集柑橘木虱成虫带菌检测,即在果园内选定东南西北中 5 个方位橘树 10 株(每方位选定 2 株),于每月下旬采集每株定树柑橘木虱成虫 3 头,共计每月采集柑橘木虱成虫样品 30 头。以 10 头为一组,检测阳性比例,按照 3 次重复计算月份平均值(图 3-7),由此表明全年柑橘木虱带菌率变化

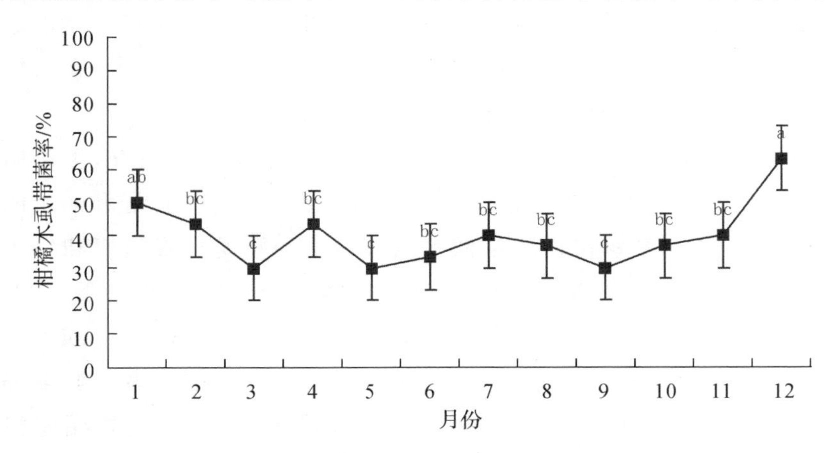

图 3-7　柑橘木虱种群带菌率变化动态

注:小写字母表示在 $P<0.05$ 水平差异有统计学意义。

有3个高峰，其中以12月至翌年2月为最高峰，其带菌率分别为63.33%、50.00%和43.00%，显著高于全年带菌率均值41.00%，其次为4月、7月和11月出现的小高峰，前两者带菌率均高于峰前峰后月份，后者仅高于峰前的9月和10月，为非越冬代小峰，也高于全年均值。这些峰期变化也会受到气候影响而推迟或提前，其原因在于病株病原菌的繁殖受环境温度影响，这使得病株病原浓度的变化有季节性，因此影响植株内病原的移动与分布，新芽带菌率因而改变，由于柑橘木虱若虫在病芽上取食后容易成为携菌虫媒，导致柑橘木虱若虫带菌率有所变化。柑橘木虱带菌率12月到翌年2月份越冬代高峰，为越冬代成虫进入越冬后取食量下降，病菌浓度升高所致，为柑橘木虱携菌传播非关键高峰，而4月份和7月份带菌率出现的小高峰，却为柑橘木虱携菌传播的关键高峰，随着4月份、7月份和10—11月份柑橘木虱携菌率逐峰升高，且与其果园春梢、夏梢、秋梢和秋冬梢生育期相吻合，特别是暖冬气候的秋梢以及秋冬梢生长普遍，与其虫口密度大、携菌率高相适应，极易造成柑橘园黄龙病传染发病流行或成灾传染。

三、柑橘木虱主要传病关联模型及其参数

柑橘黄龙病的发病流行程度，在很大程度上取决于果园柑橘木虱种群数量及其带菌率。因此，柑橘木虱虫株率、柑橘木虱带菌率这些参数一定程度上可反映传病发病状况。

（一）虫株率、病株率、发生程度关系模型及其参数

柑橘木虱虫株率反映了柑橘园柑橘木虱的发生分布情况，也是衡量黄龙病发生流行程度的重要指标。对台州的黄岩、临海、仙居和丽水的云和等地42个不同乡镇柑橘园柑橘木虱虫株率与黄龙病发病率和发生程度关系进行调查（表3-6），结果显示平均柑橘木虱虫株率9.37%（0.01%～54.72%），平均柑橘黄龙病病株率4.23%（0.001%～55.24%），平均柑橘黄龙病发生程度1.63(0.5～5)，总体为中发生偏轻程度。经三者关联回归分析，柑橘黄龙病发病率（P/%）随柑橘园柑橘木虱虫株率（X/%）提高而上升，发生程度（U）也随之加重，并存在极显著的线性关系，其数学模型为 $P = 0.8713x - 3.9297$（$n = 42$，$r =$

0.9441**)；$U=0.1216P+0.4921$（$n=42$，$r=0.8473^{**}$）。这表明柑橘木虱是柑橘黄龙病发生的介体昆虫，且柑橘木虱虫株率5%和10%是个拐点。当虫株率超过5%时，随着柑橘木虱种群数量增加和种群携菌率的提高，柑橘黄龙病感染发病危害渐趋加重；当虫株率超过10%时，柑橘木虱种群自身扩散迅速加速，黄龙病病株率和发生程度呈急速上升趋势。

表3-6　柑橘园柑橘木虱虫株率、病株率与发生程度调查

地名	虫株率/%	病株率/%	发生程度	地名	虫株率/%	病株率/%	发生程度
云和紧水滩	5.33	0.05	0.5	临海古城	6.52	0.32	1
云和石塘	4.75	0.02	0.5	临海汛桥	4.31	0.10	1
仙居埠头	1.8	0.02	0.5	临海小芝	5.02	0.10	1
仙居田市	0.10	0.01	0.5	临海大田	1.50	0.11	1
仙居双庙	0.01	0.01	0.5	临海括苍	7.23	0.23	1
临海沿江	7.07	0.05	0.5	黄岩江口	5.71	0.57	1
临海涌泉	2.36	0.07	0.5	黄岩澄江	5.08	0.21	1
临海杜桥	3.02	0.07	0.5	黄岩头陀	8.40	0.77	1
临海桃渚	3.73	0.03	0.5	黄岩茅畲	6.32	0.33	1
临海上畔	2.43	0.02	0.5	云和朱村	4.90	1.82	3
临海东塍	5.91	0.05	0.5	临海江南	8.03	1.14	3
临海汇溪	1.77	0.01	0.5	黄岩南城	10.98	3.23	3
临海邵家渡	3.58	0.05	0.5	黄岩高桥	10.56	6.73	3
临海永丰	8.56	0.01	0.5	黄岩院桥	22.20	8.86	3
临海白水洋	6.75	0.03	0.5	黄岩屿头	12.80	8.35	3
临海河头	8.90	0.01	0.5	黄岩沙埠	28.78	13.95	5
黄岩东城	0.77	0.01	0.5	黄岩北洋	22.74	12.40	5
黄岩西城	0.34	0.01	0.5	黄岩宁溪	18.60	11.47	5
黄岩新前	1.34	0.001	0.5	黄岩平田	39.08	35.08	5

续 表

地名	虫株率/%	病株率/%	发生程度	地名	虫株率/%	病株率/%	发生程度
仙居横溪	3.70	0.21	1	黄岩上徉	31.39	15.70	5
临海大洋	6.24	0.22	1	黄岩上郑	54.72	55.24	5

注：病果园黄龙病发生程度以病株率划分：病株率<1%发生程度为轻发生(0～1)，病株率1%～10%为中发生(3)，病株率>10%为重发生(5)

(二)柑橘木虱带菌率估测模型及其参数

柑橘园柑橘木虱带菌率是柑橘园黄龙病发生流行的重要指标，是集种群、菌源、环境和气候于一体的综合表现形式。2002—2005 年对台州、温州、丽水 11 县(市、区)28 个柑橘园柑橘黄龙病病株率调查和柑橘木虱成虫采样检测(表 3-7)，结果表明：柑橘木虱带菌率(d %)与柑橘黄龙病株发病率(k %)存在极显著线性关系，其数学关系模型为 $d=0.4658k+6.5261$($df=28$, $r=0.7101^{**}$, $r_{0.01}=0.4785$)，从此模型可估测出柑橘木虱带菌率 11%以内的种群带菌率往往高出果园发病率，而柑橘木虱带菌率 11%以上的则种群带菌率低于果园发病率。即果园病株率 1%估测介体种群带菌率 7.0%；果园病株率 5%估测介体种群带菌率 9.0%；果园病株率 10%估测介体种群带菌率 11.0%；果园病株率 15%估测种群带菌率 13.5%；果园病株率 20%估测种群带菌率 15.8%；果园病株率 30%估测介体种群带菌率 20.5%，果园病株率 50%估测种群带菌率 30.0%。因此，调查柑橘园黄龙病发病率可及时对柑橘木虱带菌率作出分析估测。

表 3-7 柑橘黄龙病发病率与柑橘木虱带菌率关系调查

果园编号	果园地点	采集时间	HLB 病株率/%	采集样品虫数	检测虫数	柑橘木虱带菌率/%
1	黄岩北洋	2004 年 11 月	0	50	30	6.7
2	黄岩院桥	2004 年 11 月	0	50	30	70.0
3	黄岩院桥	2002 年 10 月	0	50	36	0
4	黄岩北洋	2004 年 11 月	0	50	30	3.3

续 表

果园编号	果园地点	采集时间	HLB病株率/%	采集样品虫数	检测虫数	柑橘木虱带菌率/%
5	天台新中西张	2002年10月	0	50	36	0
6	天台街头	2002年10月	0	50	36	0
7	天台洪畴	2002年10月	0	50	36	0
8	临海永丰	2002年11月	0	50	36	0
9	临海大洋	2002年11月	0	50	36	16.7
10	仙居城关	2002年10月	0	50	36	0
11	椒江三甲	2002年10月	0	50	36	0
12	路桥螺洋	2002年10月	0	50	36	0
13	云和云和	2002年10月	0	50	36	0
14	莲都高溪	2002年10月	0	50	36	0
15	黄岩澄江	2005年8月	2.4	50	30	30.0
16	莲都新建	2002年10月	3.2	50	36	2.8
17	黄岩院桥	2005年8月	7.0	50	36	13.3
18	黄岩沙埠	2002年10月	12.3	50	36	5.6
19	黄岩院桥	2005年8月	12.9	50	30	13.3
20	黄岩院桥	2005年8月	13.1	50	30	10.0
21	黄岩沙埠	2002年10月	23.1	50	36	13.9
22	乐清湖雾	2004年8月	49.2	50	30	16.7
23	莲都高溪	2004年10月	64.8	50	36	36.7
24	乐清湖雾	2005年8月	67.0	50	30	30.0
25	温岭城东	2005年8月	76.9	50	30	16.7
26	乐清湖雾	2005年8月	91.7	50	30	42.3
27	乐清湖雾	2004年8月	98.5	50	30	66.7
28	玉环城关	2002年11月	100	50	36	77.8

第四章　柑橘植株黄龙病感染、显症及其枯死发生规律

第一节　传播与感染

一、传播途径

柑橘黄龙病是一种革兰阴性细菌寄生于柑橘韧皮部筛管细胞，干扰线粒体和叶绿体正常功能，致枝梢生长失绿黄化、果实着色异常或红鼻果、植株器官营养输送受阻或缺乏供给而枯死的病害。调查研究表明，柑橘黄龙病传播途径主要有两方面：一是远距离传播，主要为携菌种苗、病穗、病树的调运，以及随物流运输工具从携带病区携菌柑橘木虱迁入无病区橘园；二是近距离传播，主要为病区自繁自育种苗携菌在新果园新植和老果园补植，或苗木经当地农贸集市扩散，以及生活在果园的柑橘木虱通过其种群取食活动，经吸菌、获菌、带菌过程部分介体携菌成功，通过近距离取食传播或低海拔近距离迁飞传播。

二、传染方式

综合各地研究分析，柑橘黄龙病传染方式主要有三种：一是介体昆虫柑橘木虱成虫、若虫通过刺吸柑橘植株汁液取食方式携菌传染，这是最主要的传染方式。介体昆虫柑橘木虱成虫和高龄若虫都会传病，病原细菌

在柑橘木虱成虫体内的循回期长短不一，短的为 3 天或少于 3 天，长的为 26～27 天。高龄若虫或成虫一旦获得病原体后，能终生传病。二是通过采集感染黄龙病菌病穗作携菌嫁接，传染成功率高，所以果园大面积高接换种成为主要传染方式。三是黄龙病菌还可借助菟丝子传播，但是不能由汁液摩擦和土壤传病传染。

三、植株感染

综上分析可知，柑橘园柑橘植株黄龙病感染，主要关键在于健康植株自身生长处于春梢期、夏梢期和秋梢期的生育感染敏感时期，携带黄龙病菌的介体昆虫柑橘木虱在其枝梢叶片上吸汁取食，通过口针将体内 HLB 菌传染给被食植株，一般单体取食数小时到十几小时都会传染成功。此外，人为通过植株嫁接栽培，若接穗携带黄龙病菌，则易将黄龙病菌从病穗传染到被嫁接的健康植株，通常嫁接传染成功率高。有的健康植株在菟丝子寄生缠绕时也会将病株中的黄龙病菌传染过来。柑橘植株若感染了黄龙病菌，自身无免疫功能，任其细菌在韧皮部细胞繁衍，植株就会发病。

第二节　嫁接传病与病菌繁衍显症

一、植株嫁接与传病特性

2004—2005 年在乐清市湖雾镇隔溪村冠山脚下平原橘园开展棚栽柑橘苗嫁接携菌接穗试验，试验果园土壤肥力中等，地下水位低，排水良好，供试的种苗为一年生嫁接苗（除枳壳、实生锦橙外），共计 12 个品种，分别为胡柚、佛手、金柑、实生锦橙、玉环柚、脐橙、脐血橙、晚熟温州蜜柑、瓯柑、早熟温州蜜柑、椪柑和枳壳等。每品种种植 7 株，栽后及时搭建钢管结构试验棚，外用 80 目尼龙网做成围帐罩住，防止柑橘木虱进入，并做好正常的施肥喷药管理工作。2004 年 3 月 14 日和 3 月 24 日，分别取叶片明显表现斑驳黄化症状，可确诊为黄龙病树的温州蜜柑枝条作为带菌接穗，采用切腹接方法，在离地 10cm 处小苗第一个分枝下嫁接，令每接穗具 3 芽以保证足够的病原，并用塑料药膜包扎保湿，且保留原植株地上部分。成活后解去塑料药膜，及时抹除接穗上抽生的梢芽，同时保持土壤湿润，清除杂草，肥培管理，保证嫁接成活。嫁接后每隔5～7日，观察记载各品种植株叶片黄化情况，按斑驳型、均匀黄化型、缺素状黄化症状做好观察记录，并对接种后种苗于第2年进行黄龙病菌PCR检测。由试验结果（表4-1）得出：一是枳壳为黄龙病隐症型品种（无症状，但PCR检测为阳性），其他各类柑橘品种均为显症的感病型品种。二是柑橘黄龙病菌易通过嫁接传染，但不同品种表现的症状具有一定的差异：胡柚、佛手和玉环柚呈现典型的斑驳型黄化；实生锦橙和温州蜜柑多数表现为缺素型黄化；金柑、瓯柑及脐血橙有缺素型和斑驳型黄化两类；椪柑普遍表现为斑驳型和均匀型黄化。三是从种苗嫁接接种到症状初显最短时间为5个月，品种有脐血橙玉环柚、椪柑等；其次实生锦橙、温州蜜柑和瓯柑等为6个月；脐橙则为8个月；最长者为18个月，品种有胡柚、佛手、金柑等；枳壳虽然不表现症状，但PCR检测仍具阳性。

表4-1 柑橘黄龙病嫁接传染与显症规律试验观察

品种	试验株数	嫁接接种时间	初显症时间	到2004年12月显症数量/株	到2005年12月显症数量/株
胡柚	7	2004年3月	2005年9月	0	7
佛手	7	2004年3月	2005年9月	0	7
金柑	7	2004年3月	2005年9月	0	7
实生锦橙	7	2004年3月	2004年9月	1	7
玉环柚	7	2004年3月	2004年8月	1	7
脐橙	7	2004年3月	2004年11月	1	7
脐血橙	7	2004年3月	2004年8月	3	7
晚熟温州蜜柑	7	2004年3月	2004年9月	3	7
瓯柑	7	2004年3月	2004年9月	3	7
早熟温州蜜柑	7	2004年3月	2004年9月	3	7
椪柑	7	2004年3月	2004年8月	3	7
枳壳	7	2004年3月	未显黄化症，但PCR检测为黄龙病菌阳性		

注：显症病株均检测到黄龙病菌。

二、植株黄龙病菌繁衍与轨迹模型

2004 年 12 月选定 3 年生温州蜜柑病树 5 株种植在同一试验果园并用 40 目网纱笼罩隔离，然后 2005 年 1—12 月每月于 25 日采样 1 次，作 PCR 检测 1 次，每次按东南西北中 5 方位取同龄叶片各 1 叶，5 叶为一个样品，每次采 5 样，全年采 60 样 300 叶。结果表明 1—12 月病株叶片黄龙病菌平均检出率（即叶片 HLB 细菌感染率%：L %）分别为 48%、52%、44%、40%、88%、84%、80%、84%、96%、88%、92%和 96%。经模拟拟合分析柑橘植株体内黄龙病菌繁衍扩散速度呈逻辑斯蒂模型发展轨迹：$L = 101.4522/[(1+\mathrm{EXP}(0.7395-0.3058M)]$（$df=12$，$P=0.0014$，$R=0.8754^{**}$）。经模拟计算，如图 4-1 显示，柑橘植株从局点叶片黄龙病菌感染到全株叶片受染约为 20～22 月，即植株叶片黄龙病菌从 5%以下（初次感染）叶片感染检出率，到植株 95%以上（全株）叶片感染检出率时间为 20～22 月左右。

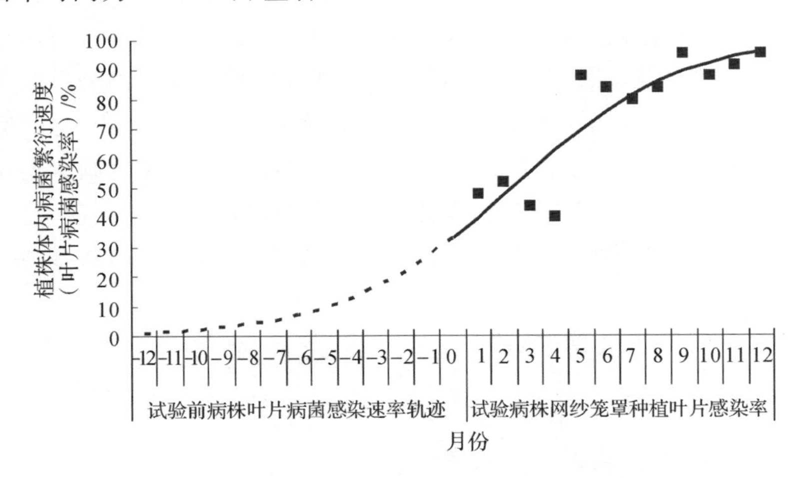

图 4-1 柑橘植株体内黄龙病菌繁殖速度及其模拟拟合发展轨迹

三、感染显症潜伏期

图 4-1 显示，柑橘植株不是一感染黄龙病菌就立即表现出发病症状，也不是等全株布满黄龙病菌才会表现发病症状，而是总体在全株 50%左

右叶片感染时就会表现叶片黄化或黄梢等发病症状。由上述试验结果也可看出，柑橘植株体内黄龙病菌繁衍发展速度总体较常规细菌繁殖增殖慢，一般从初次感染到植株发病显症潜存较长时间，即潜伏期较长。表4-1嫁接试验表明，不同品种的柑橘植株黄龙病菌感染潜伏期（从感染到显症）之间存在较大差异，以幼龄植株显症较快。一般短的为6个月，长的可达18个月，平均从感染到显症为10.5个月，与上述植株叶片黄龙病菌繁衍速度基本相似。

四、植株显症表现

植株感染黄龙病后，经过潜伏期病菌繁殖危害后外部器官才会表现出发病症状，称为显症。总的显症表现为植株新梢叶片不能转绿，叶片均匀黄化；或新梢叶片转绿后，从主、侧脉附近和叶片基部及边缘褪绿形成黄绿相间的斑驳状黄化。但常因品种不同叶片黄化显症表现不同。经对温州蜜柑、瓯柑、椪柑、玉环柚、胡柚、锦橙、脐血橙、金柑、佛手等嫁接试验的观察，叶片黄化显症以缺素型黄化最多，其次为斑驳型黄化，均匀型黄化则相对较少。从品种显症来看，胡柚、玉环柚和佛手具典型的斑驳黄化症状，椪柑普遍表现为斑驳型和均匀型黄化症状，脐血橙、瓯柑、金柑有斑驳型和缺素型两类黄化症状，温州蜜柑、实生锦橙多数表现为缺素型黄化症状。一般病株开花早而多，落花多；果实小而畸形，坚硬，着色不均匀，近果蒂部分橙红色，其余部分青绿色，称为“红鼻果”，果汁少，渣多，味酸。

第三节 植株感染枯死

一、植株枯死历期及其死亡率

植株枯死是指柑橘树感染黄龙病后出现整株梢枯树死现象，由于植株从第1年果实显现“红鼻果”症状开始到全株枯死尚有较长历期，并不是一感染当年就表现死亡或三四年死光，同时植株之间差异很大，因此，将病树植株从果实初次显现“红鼻果”症状之年到全株枯死之年的时间，称为枯死历期。对温州蜜柑自然感染橘园15年黄龙病果实从显症到植株死亡逐株进行长期标记观察(图 4-2),结果显示,Ⅰ号样地橘园自 2002 年黄龙病果实开始显症以来到 2015 年有 27 株橘树发病死亡,其中从显症到植株死亡历期最短的为 2 年,最长为 11 年,平均 6.37 年,历时 14 年,橘园橘树平均发病死亡率 60%。Ⅱ号样地橘园自 2003 年开始出现黄龙病病树到 2015 年有 18 株橘树死亡,其中从显症到植株枯死历期最短的为 2 年,最长为 10 年,平均 6.44 年,历时 13 年,橘园橘树平均发病死亡率 40%。Ⅲ号样地橘园自 2003 年开始出现黄龙病病树到 2015 年有 17 株橘树死亡,其中从显症到植株枯死历期最短的为 4 年,最长为 10 年,平均 7.18 年,历时 13 年,橘园橘树平均发病死亡率 38%。

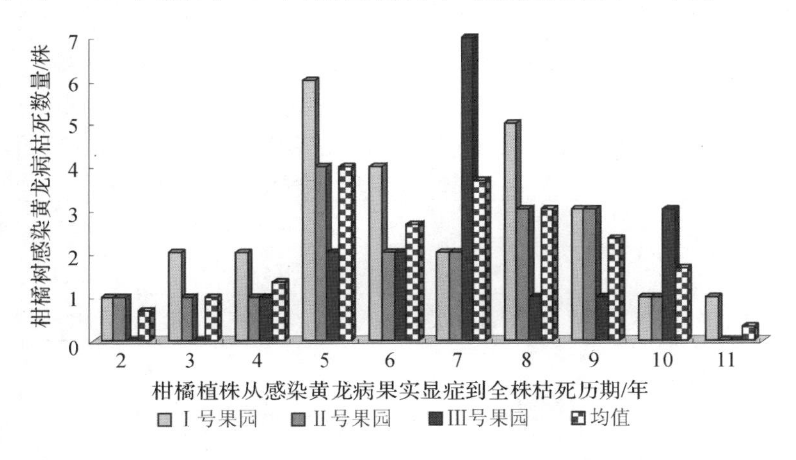

图 4-2　柑橘植株黄龙病感染枯死历期变化动态

二、植株枯死结构及所占百分率

研究人员对上述温州蜜柑自然发病橘园黄龙病感染植株枯死情况进行了长期跟踪调查,结果见表 4-2。表 4-2 显示,温州蜜柑橘树黄龙病从果实显症到植株枯死的历期为 2～11 年,其中植株枯死历期 2 年的平均死亡植株占 3.24%、枯死历期 3 年占 4.84%、枯死历期 4 年占 6.45%、枯死历期 5 年占 19.35%、枯死历期 6 年占 12.90%、枯死历期 7 年占 17.74%、枯死历期 8 年占 14.52%、枯死历期 9 年占 11.29%、枯死历期 10 年占 8.06%、枯死历期 11 年占 1.61%。因此,温州蜜柑从果实黄龙病显症到橘树死亡历期一般为 5～9 年,累计植株死亡数量占试验总量的

33.86%～90.32%。

表 4-2　黄龙病自然感染果园橘树枯死结构及其所占百分率

从果实显症到植株枯死年数	各样地黄龙病致枯死植株数量/株				占总枯死植株比例/%
	Ⅰ	Ⅱ	Ⅲ	$\bar{X}$	
2	1	1	0	0.67	3.24
3	2	1	0	1.00	4.84
4	2	1	1	1.33	6.43
5	6	4	2	4.00	19.35
6	4	2	2	2.67	12.92
7	2	2	7	3.67	17.76
8	5	3	1	3.00	14.51
9	3	3	1	2.33	11.27
10	1	1	3	1.67	8.08
11	1	0	0	0.33	1.60
小计	27	18	17	20.67	100

第四节　柑橘园黄龙病主要侵染循环

一、黄龙病侵染循环要素分析

柑橘黄龙病侵染涉及果园健株、病株(病苗、病穗、病树),介体昆虫柑橘木虱种群阴性介体、阳性介体,感染生育期(春梢、夏梢、秋梢)等条件,突出表现为病株、阳性介体与敏感生育期之间的三角关系,往复交错,循环结构复杂,关键点为病菌、病株、介体阳性,通过感染生育期和介体取食活动,外延连接健株和阴性介体,内外交互影响,导致形成柑橘园黄龙病侵染循环。

二、柑橘园黄龙病主要侵染循环

柑橘黄龙病发生区全年初次侵染，主要侵染源为冬前尚未挖除的病苗、病树和携菌尚未显症的病株，以及携菌越冬的介体昆虫。一般当冬后气温处于 13℃以上时，越冬介体昆虫柑橘木虱成虫开始产卵，进入 3 月冬后成活的老成虫和新羽化成虫形成种群小高峰；当春梢期平均气温处于16～18℃时介体昆虫柑橘木虱成虫进入春产高峰，通过果园春梢生长和介体昆虫取食互动，形成初次春枝感染和部分新介体带菌携菌的情况；当夏秋梢气温处于 25～30℃时介体昆虫柑橘木虱成虫进入夏秋产卵高峰，或当晚秋梢期气温处于 13～15℃时介体昆虫柑橘木虱成虫进入秋产高峰，介体昆虫种群数量常在 6 至 10 月经历夏梢期和秋梢期产生 5 个峰次左右，尤其 8、9、10 月份峰次峰量明显，存在种群迁入迁出的迁飞现象，如此取食传病同时保持种群携菌率，形成多次再侵染。到 11 月份气温下降，成虫进入无完全滞育或完全滞育的越冬。如此通过柑橘春梢期、夏梢期和秋梢期往复活动，形成柑橘园黄龙病由介体昆虫主导的侵染循环(图 4-3)。

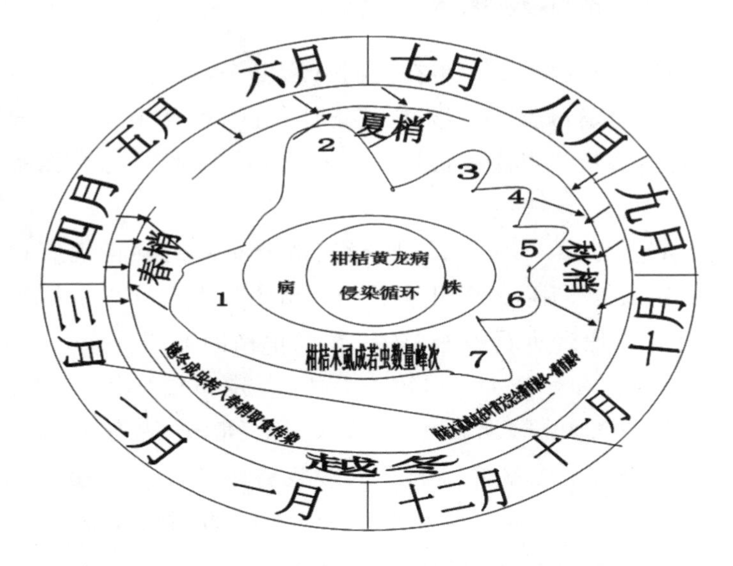

图 4-3　温州蜜柑果园与柑橘木虱发生循环

注：图内阿拉伯数字分别指果园柑橘木虱成若虫数量发生的峰时峰次。

第五章 柑橘黄龙病田间发病流行规律及成灾机理

第一节 柑橘黄龙病入侵扩散流行规律

一、病害入侵节点及其整体扩散流行过程

浙江柑橘黄龙病自1981年在平阳首诊以来，通过以村为单元、以乡镇为单位的方式进行病株全境式普查统计分析，36年来整体扩散流行经历了5个节点，病情从点式星状到发病中心从南到北、从东到西螺旋式扩散（图5-1）。

第1个节点为1983年前后，明确病情分布及封锁检疫管控。1981年首诊黄龙病入侵平阳，1982年春秋两季组织技术人员263人次、历时4个月先后对温州地区进行普查复查，普查柑橘园面积6768.8hm^2，共计6553914株柑橘树和9502784株柑橘苗木，查定柑橘病树8381株，柑橘木虱发生面积508.2hm^2，明确其在平阳、苍南、瑞安、瓯海、文成和鹿城6县呈点状发生分布。1983年经省政府授权将瓯江以南的苍南、平阳、瑞安、文成、瓯海和鹿城6县划定为黄龙病疫区，采取封锁检疫管控，控缩发病范围，坚持对发病果园进行包围和扑灭，到1994年底，文成、瓯海、鹿城和瑞安等县没有新病区和新病树出现。1995年底浙江省农业农村厅邀请农业部农技中心植检处、浙江农业大学、浙江省农业科学院、浙江省科

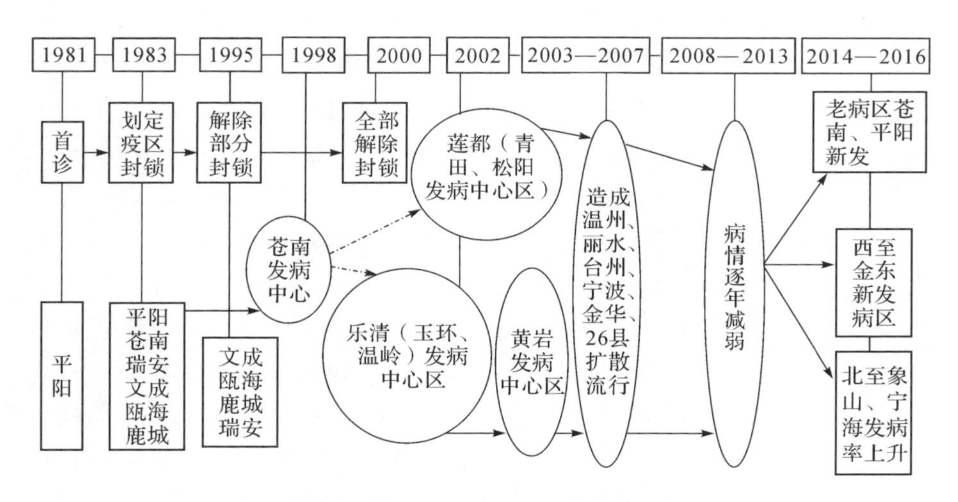

图 5-1　浙江柑橘黄龙病(1981—2016 年)病情整体扩散流行过程

学院亚热带作物研究所、浙江省柑橘研究所等有关单位专家现场考察，认为文成、鹿城、瓯海、瑞安飞云江以北区域疫情基本扑灭，不再作为疫区，而苍南、平阳和瑞安飞云江以南地区仍不建议解除，但到 2000 年全部撤销疫区。

第 2 个节点为 1998 年前后，苍南黄龙病病树数量突升。苍南是以四季柚为主栽品种的重要产区之一，1982—1989 年查定病树 159 株，1990 年以后病树数量逐年上升，1998 年查定病树 9492 株，形成苍南发病中心区，加大了病情扩散风险。这应是病树未及时彻底挖除销毁、柑橘木虱种群数量较大所致。菌源和柑橘木虱互作互为造成病情突发加重，在一定程度上为黄龙病越过瓯江扩散埋下了隐患。

第 3 个节点为 2002 年前后，黄龙病在乐清湾和丽水莲都（青田、松阳）暴发。2001 年查定乐清发生面积 848hm^2，病株率 39.65%(2002 年发生面积 2098hm^2，病株率 21.25%；2003 年发生面积 2097hm^2，病株率 14.62%；2004 年发生面积 1792hm^2，病株率 23.38%；2005 年发生面积 1788hm^2，病株率 9.23%；2006 年发生面积 1544hm^2，病株率 9.67%)，温岭发生面积 13hm^2，病株率 3.57%(2002 年发生面积 4485hm^2，病株率 4.57%；2003 年发生面积 3411hm^2，病株率 4.96%；2004 年发生面积

2018hm^2,病株率 26.47%;2005 年发生面积 1346hm^2,病株率 15.33%;2006 年发生面积 1273hm^2,病株率 10.75%),丽水莲都发生面积 80hm^2,病株率 11.55%(2002 年发生面积 5927hm^2,病株率 3.45%;2003 年发生面积 4897hm^2,病株率 1.12%;2004 年发生面积 5251hm^2,病株率 1.17%;2005 年发生面积 6017hm^2,病株率 0.85%;2006 年发生面积 6410hm^2,病株率 0.71%),青田发生面积 46hm^2,病株率 1.25%(2002 年发生面积 2428hm^2,病株率 7.81%;2003 年发生面积 2250hm^2,病株率 4.43%;2004 年发生面积 2361hm^2,病株率 2.40%;2005 年发生面积 2066hm^2,病株率 4.84%;2006 年发生面积 1880hm^2,病株率 1.31%),松阳发生面积 13.3hm^2,病株率 8.57%(2002 年发生面积 1831hm^2,病株率 2.57%;2003 年发生面积 1955hm^2,病株率 10.08%;2004 年发生面积 1490hm^2,病株率 8.39%;2005 年发生面积 1182hm^2,病株率 4.45%;2006 年发生面积 1061hm^2,病株率 2.86%)。2002 年查定永嘉发生面积 120hm^2,病株率 1.67%(2003 年发生面积 281hm^2,病株率 0.95%;2004 年发生面积 296hm^2,病株率 2.93%;2005 年发生面积 181hm^2,病株率 5.96%;2006 年发生面积 181hm^2,病株率 4%),玉环发生面积 2340hm^2,病株率 15.56%(2003 年发生面积 1703hm^2,病株率 7.80%;2004 年发生面积 1884hm^2,病株率 10.08%;2005 年发生面积 1551hm^2,病株率 19.34%;2006 年发生面积 1118hm^2,病株率 2.97%),路桥发生面积 130hm^2,病株率 2.27%(2003 年发生面积 305hm^2,病株率 1.56%;2004 年发生面积 295hm^2,病株率 3.69%;2005 年发生面积 273hm^2,病株率 5.44%;2006 年发生面积 293hm^2,病株率 3.22%),黄岩发生面积 1677hm^2,病株率 2.43%(2003 年发生面积 336hm^2,病株率 3.17%;2004 年发生面积 6057hm^2,病株率 4.91%;2005 年发生面积 6037hm^2,病株率 5.81%;2006 年发生面积 6037hm^2,病株率 4.81%;2007 年发生面积 5869hm^2,病株率 4.2%;2008 年发生面积 5072hm^2,病株率 3.78%)。形成乐清湾(玉环、温岭)和莲都(青田、松阳)两大发病中心区,逐渐呈螺旋式北上扩散,呈现星状发散、辐射扩散、水平扩散、垂直扩散等混合扩散流行形势,整体病情来势汹汹,扩散速度快,流行趋势严重,对浙江沿海尤其是丽水、台州优势柑橘产业带构成严峻威胁。

第4个节点为2007年前后,为流行病情有效遏制期。2005—2007年柑橘黄龙病扩散流行情况达到高位,病情扩散26县(市、区),西至金华武义,北至宁波象山,造成乐清、莲都、玉环、温岭、黄岩等柑橘主产区大量橘园被毁,其中乐清毁园面积达1000余hm^2。随着黄龙病防控技术的成熟完善和防控措施的落实到位,病情蔓延势头得到有效控制,整体病情逐年下降,总病株数从2005年的144万株被控制至2007年的64万株,再逐年下降到2013年的9万株,有效控制了病情。

第5个节点为2014年前后,局部地区潜存点状回升趋势,西部金东成为新病区。2014普查表明,苍南、平阳、乐清、永嘉、玉环、黄岩、临海、象山等地病情较2013年均有所上升,出现多点点状暴发危害,高发橘园发病率20%以上。突出的是金华金东区查定病树723株,病苗70.7万株,成为西部新病区和潜存向西扩散的新病源中心。与此同时,作为南北两端的苍南(平阳)和象山(宁海),2015年发病率明显升高,潜存新的扩散趋势,须严加防范。

二、病害入侵扩散方式及其扩散规律

通过对历年柑橘黄龙病入侵扩散流行动态进行分析,发现柑橘黄龙病入侵扩散流行主要有4种扩散方式,分别为点式星状扩散、辐射扩散、水平扩散和垂直扩散,总体随经纬度及时序变化而呈螺旋式向北向西扩散的变化规律。

(一)扩散方式

1. 点式星状扩散

又称点式暴发扩散。主要为果园发病而非成片橘区扩散流行,一般扩散特征为从无病果园到成为零星发病果园,或新果园短期内病情加重,有的呈块状(或发病中心)发病分布,有的呈稀拉式甚至满天星式发病。这种扩散方式主要为随病苗新果园种植或老果园补植或病穗嫁接所致,极少数为携菌柑橘木虱偶尔传染所致。全省第1波扩散潮起始阶段、第3波扩散潮各地多点暴发现象、基本扑灭区回升发病或局部病情快速上升的果园,大多为此扩散方式。

2.辐射扩散

又称中心区发散。主要发生在成片柑橘区形成发病中心区后,受地理环境限制,以发病中心区为核心,向四周外围较大面积健康柑橘区扩大传染发病,常以盆地柑橘区较为典型。这种扩散方式主要通过人为(病株迁移、高接换种、病苗近地市场调运等)或自然(介体昆虫种群群聚转移分散或近距离迁飞)两大因素合为所致。丽水第 2 波以莲都和青田为中心区,向周边松阳、云和、景宁、缙云,甚至龙泉和庆元等地扩散,主要为此方式,当然也有其他的水平扩散、垂直扩散和点式星状扩散协同作用。

3.水平扩散

又称西进扩散。主要发生在同纬度柑橘种植区域,病源来自东部柑橘区发病点或发病中心区,然后随年序推进病区逐渐向西部柑橘区扩大,强度相对趋弱,但易形成向西更大范围或更广面积的入侵扩散发病。水平扩散常常伴随垂直扩散和辐射扩散。这种扩散方式主要为病苗(病穗)调动和介体昆虫种群携菌扩散共同所致。金华永康、东阳、武义和金东的入侵扩散发病主要为此方式所致。

4.垂直扩散

又称北上扩散。主要发生在同经度柑橘种植区域,病源来自南部柑橘区发病点或发病中心区,并以此病区为源头,随年序和纬度的增加,病害逐渐向北部柑橘区北上扩散,直至到达北限地区。垂直扩散常常威力大,波及范围广,扩散区域发病明显,病情扩散到达区域时,有的成片果园发病,有的是发病中心发病,有的呈螺旋式扩散发病,这也与某些地理状况有关。垂直扩散常常伴随辐射扩散和点式星状扩散。这种扩散方式主要是介体昆虫种群携菌扩散所致。全省东部沿海各县第 2 波的入侵扩散流行多为此方式所致。

对于黄龙病区域整体入侵扩散,有的以上述某种方式为主,有的为组合方式作为,大多为 4 种方式混合共存互作互为。

(二)扩散规律

1.浙江东部柑橘区黄龙病垂直扩散分析

对位于经度 120.57°E～121.87°E 区的历年柑橘黄龙病发生情况进

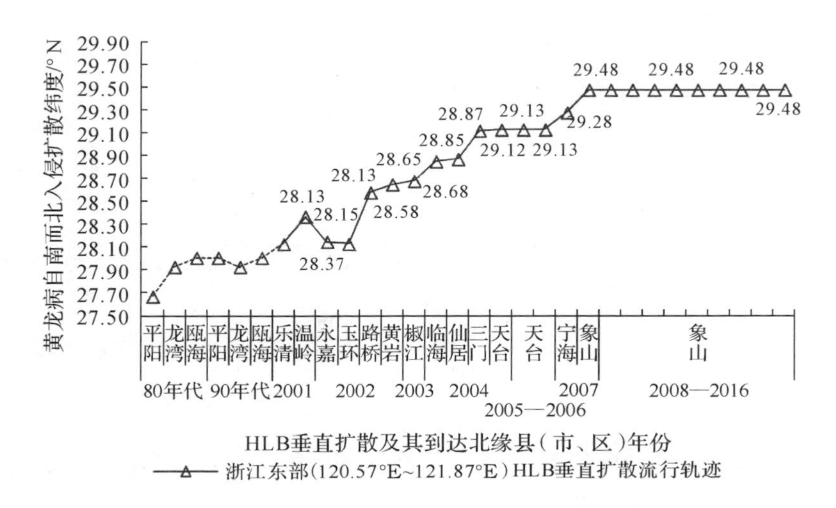

图 5-2　浙江东部沿海(120.57°E～121.87°E)柑橘黄龙病垂直扩散路线

行分析，图 5-2 显示，整体有 16 个柑橘种植县（市、区），初次入侵发病区域随年序推进逐渐呈北上（纬度）扩散趋势，20 世纪 80 年代为平阳、龙湾和瓯海等地（26.67°N～28.01°N），2001 年为乐清和温岭（28.13°N～28.37°N），2002 年为永嘉、玉环、路桥和黄岩（28.15°N～28.65°N），2003 年为椒江（26.68°N），2004 年为临海、仙居、三门和天台（28.85°N～29.13°N），2005—2006 年保持在天台（29.13°N），2007 年扩散到宁海和象山（29.28°N～29.48°N），2008—2016 年保持在象山（29.48°N）。从扩散轨迹来看，随着入侵扩散年序增加和纬度升高，黄龙病逐渐往北方向扩散，明显表现出一定倾度的线性北扩路线；从扩散跨度来看，1981—2007 年（27 年）从瓯江以南扩散到象山湾，跨越 1.81 纬度，尤其 2001—2007 年（7 年）从乐清湾扩散到象山湾，跨越 1.35 纬度，为历史上扩散速度最快时期；从扩散北限来看，2007 年后发病范围持续保持在 29.5°N 以南区域，表明发生北限基本处于 30°N 纬度内。

2. 浙江中部区域柑橘黄龙病水平扩散分析

对位于纬度 28.68°N～29.08°N 区的历年柑橘黄龙病发生情况进行分析（图 5-3），图 5-3 显示，整体有 12 个柑橘种植县（市、区），初次西进入侵发病区域逐渐随年序推进和经度减少，呈向西扩散趋势，2002 年为路

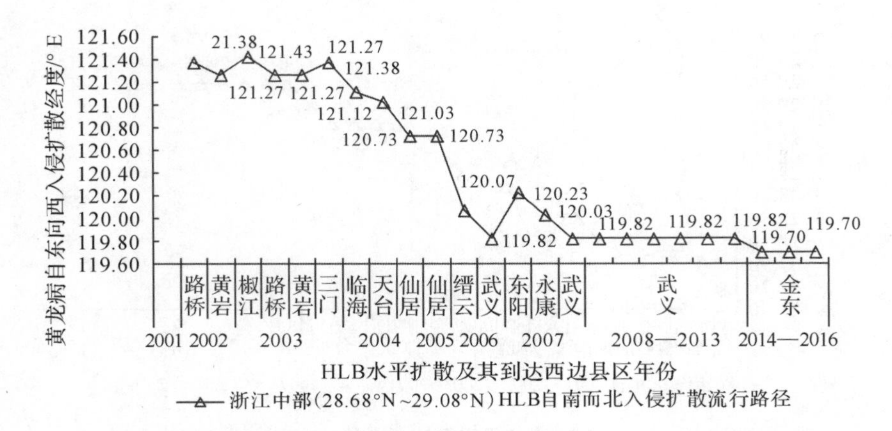

图 5-3　浙江中部(28.68°N～29.08°N)柑橘黄龙病水平扩散路线

桥和黄岩(121.27°E～121.38°E),2003 年为椒江和三门(121.38°E～121.43°E),2004 为临海、仙居、三门和天台(120.73°E～121.12°E),2005 年一直保持在仙居(120.73°E),2006 年为缙云和武义(119.82°E～120.07°E),2007 年为东阳、永康和武义(119.82°E～120.23°E),2006—2013 年一直保持在武义(119.82°E),2014 再西扩至金东(119.7°E),2015—2016 年继续保持在金东(119.7°E)。从扩散轨迹来看,随着入侵扩散年序推进和东经度减少,黄龙病逐渐向西扩散,但明显表现出一定倾度的线性西进路线;从扩散跨度来看,2002—2014 年(13 年)从台州市区西进至金华市区,跨越 1.68 经度,尤其是 2002—2007 年(6 年)从椒江西进至武义跨越 1.56 经度;从扩散西限来看,2006—2013 年停留在武义,但 2014—2016 年继续西进并停留在金东,表明西限尚未定局,尚有推进现象。

3. 丽水地区柑橘黄龙病辐射扩散分析

对丽水 8 县历年柑橘黄龙病病情扩散情况进行分析(图 5-4),图 5-4 显示,从扩散年序来看,2001 年为入侵初期,据丽水 8 县区监测普查统计,柑橘黄龙病发生总病株数 11469 株,其中莲都 9700 株,松阳 1200 株,青田 569 株,莲都相对为初感染中心区域,主要病情扩散期在 2002—2010 年,年均总病株数 183000 株,其中扩散高峰期为 2002—2007 年,年均总病株数 252000 株;2010—2016 年均总病株数在 20000 株以下;从扩散区域来看,受丘陵地形和地理环境影响,丽水境内 8 个柑橘种植县柑橘

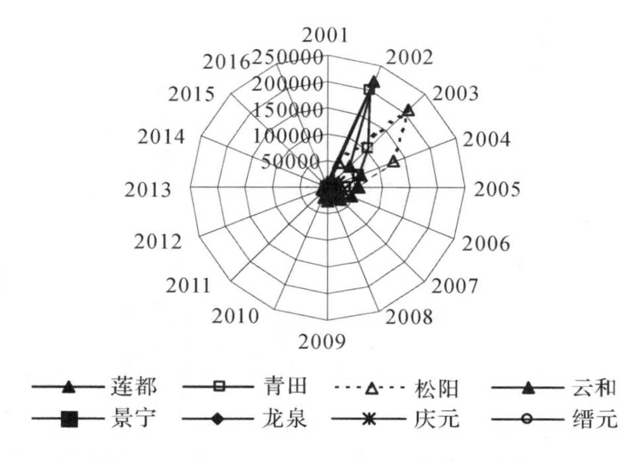

图 5-4　丽水地区 2001—2016 年黄龙病 8 县病树数扩散雷达

黄龙病扩散，主要集中在上述初感染中心区域扩散，2002—2007 年莲都年均病株 60363 株，松阳年均病株 57396 株，青田年均病株 50068 株，此外地处丽水南端的庆元年均病株 14317 株，而缙云、云和、龙泉和景宁等地年均病株却处于 1300 株以下，表明基本随莲都发病中心区发散。除青田 2003 年及松阳 2003 年和 2004 年跟随莲都发病中心区在各环发散外，其余各县 2001—2016 年均以 2002 年莲都和青田发病中心区为核心辐射带动发散，并且内环内相对病株数较少，即潜存随 2002 年发病中心区辐射扩散。在本区域自身辐射扩散的同时，还存在局部的水平扩散、垂直扩散和各大果园内在的点状协同扩散效应。

4. *局地柑橘区柑橘黄龙病星状扩散分析*

临海是全省温州蜜柑无核蜜橘重要产区，2014 年全市柑橘黄龙病呈现局部点状暴发态势，查定发病面积 200 余公顷，占全市柑橘种植面积 2%，较 2013 年增加 88%；查定发病株数 10095 株，比 2014 年增加 401%，呈现多点星状暴发分布（图 5-5）。这表明东塍、杜桥、沿江等 5 地产生星状病树分布病情，个别果园出现点式暴发，首次查定东塍桐坑山地新橘园病株率 26%，杜桥镇老橘园病株 1764 株比 2013 年增加 280%，沿江镇老橘园病株 1080 株比 2013 年增加 260%。溯源调查发现，这些发病老橘园近年均有新橘苗间插补植，一般补植率为 3%～5%，多的达 10%以上，补

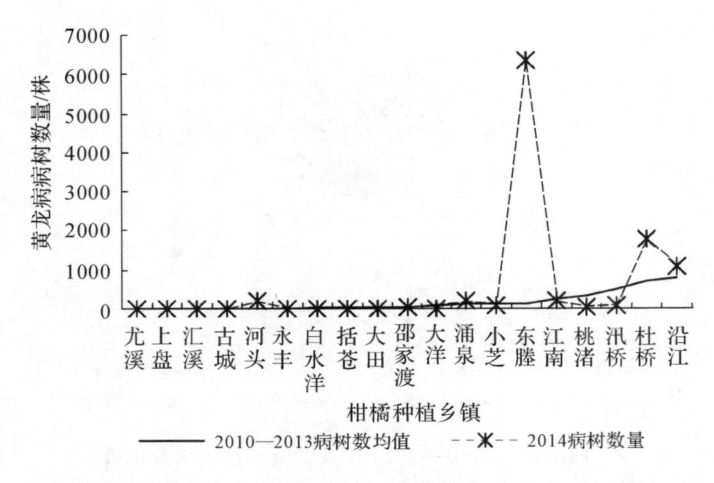

图 5-5 临海柑橘主产乡镇 2014 年黄龙病点式星状发生

植时间与新橘园新植基本一致，大多为 2～3 年，老橘园补植和新橘园种植的橘苗基本是来自同一区域苗地的种苗，2015 年对这些苗地柑橘苗圃取样 94 个进行 PCR 检测，发现这些种苗平均 HLB 阳性率 2%，高的苗圃阳性率 4%。随着带病种苗的新植和补植，然后经过橘园内的柑橘木虱吸菌、获菌、带菌或自身携菌传染再侵染，就会造成点式星状扩散分布危害。由此可见，点式星状扩散常常是带菌种苗人为调运种植与介体昆虫再次或多次再侵染的结果，需持续 2～3 年互作影响才能形成。

三、病情周期性变化及其流行规律

(一)周期性变化

1981—2016 年全省和温州柑橘黄龙病病株数量的自然对数变化分析(图 5-6)表明，温州历年柑橘黄龙病病情消长情况决定全省变化趋势，虽然病株数量取值受防控措施影响导致年度之间存在较大差异，但经过自然对数处理相对减小，这表明 36 年来柑橘黄龙病病情受防控影响周期性变化规律不明显，但总的病情起伏波动存在一定的变化周期，即 1981—1994 年为初始病情入侵扩散及基本扑灭阶段，主要局限于温州瓯江以南地区，病情波峰虽不明显，但也存在三峰变化轨迹，总体为轻发生运行和封锁控制状态；1995—2008 年为病情大范围扩散暴发阶段，初峰

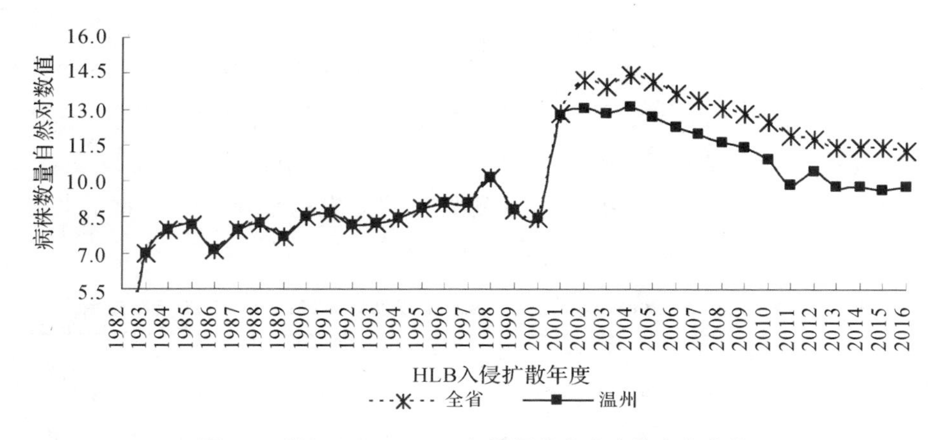

图 5-6　浙江 1981—2016 年柑橘黄龙病病情变化曲线

在 1998 年，第二峰为 2002 年，第三峰为 2004—2005 年，中后峰高位持续时间很长，其变化格局为逻辑斯谛曲线，2004—2007 年持续处于渐近线边缘变化；2009—2016 年病情得到控制，持续下降，但也偶有小峰反弹波动，此状态预计还将持续较长时间。其间若对波动趋势不加以严密注视防范，则将潜存多点式星状扩散流行，局地暴发流行可能性较大。

（二）病情变动规律

通过较为完善的 2003—2008 年病情大流行期黄龙病（株）发病率 Y（%）与其经度 E(°)、纬度 N(°)和入侵扩散年序 X（经数值化以 2001 年为初始年即 $X=1$；2002 年，2003 年，…，为 $X=2,3,\cdots$）逐步回归分析（表 5-1）发现，黄龙病发病率与这三者存在极显著的多元复合相关关系，其关系式为 $Y=-112.0675516-0.3648275862X+1.7781553960E-3.425667189N$（或 $Y=-114.0741033+1.7781553960E-3.425667189N$），$df=(3,170)$，$P(y,X)=0.0732$，$P(y,E)=0.0004$，$P(y,N)=0.0001$，$F=10.1770$，$P=0.0001$，相关系数 $R=0.3902^{**}$，$R_{0.01}=0.1971$。由此可知，黄龙发病率随入侵扩散年序增加而减小，这主要是因为防控技术体系逐渐完善到位，一般坚守 12～14 年（经纬度 120.57°E×28.68°N～121.87°E×29.08°N）防控可达到基本扑灭（理论上 $Y=0$）；同时黄龙病病情变化随（东）经度减少、（北）纬度升高而减弱。若不加强防控坚守，任其如此自然发病扩散，一般位于东经 121.87°E 以东区域(不考虑年序因素)北限可达到29.96°N(可达舟山地区),或北纬28.68°N区西缘可达到119.41°E区(可达金华各县)。若考虑年序因素互为,则在北纬28.68°N区西缘可达到118.28°E区(可达衢州各县)。总体黄龙病大流行期病情发生趋势为东重西轻,呈现南强北弱变化特性,具有随入侵扩散年序拉长和防控技术更加完善而发病率渐渐减少的变化规律,但也潜存进一步北扩西进的传播能力和发展趋势。

表5-1 浙江2003—2008年黄龙病大流行期发病率与经纬度和入扩年序关系

县名	全省29县(市、区)2003－2008年度黄龙病病株率/%						变量因子							
	2003	2004	2005	2006	2007	2008	入侵年序 X(数值化)						经度E/°	纬度N/°
苍南	0	0	0	0	0	0	3	4	5	6	7	8	120.40	27.50
平阳	0	0	0	0	0	0	3	4	5	6	7	8	120.57	27.67
瓯海	0.21	0.35	3.31	2.03	0.81	0.75	3	4	5	6	7	8	120.65	28.01
龙湾	16.85	13.47	26.92	10.41	5.98	6.33	3	4	5	6	7	8	120.82	27.93
乐清	14.62	23.38	9.23	9.67	6.68	8.86	3	4	5	6	7	8	120.95	28.13
永嘉	0.95	2.93	5.96	4.00	1.58	4.14	3	4	5	6	7	8	120.68	28.15
玉环	7.80	10.08	19.34	2.97	1.11	1.42	3	4	5	6	7	8	121.23	28.13
温岭	4.96	26.47	15.33	10.75	8.30	2.93	3	4	5	6	7	8	121.37	28.37
路桥	1.56	3.69	5.44	3.22	2.13	1.37	3	4	5	6	7	8	121.38	28.58
黄岩	3.17	4.91	5.81	4.81	4.20	3.78	3	4	5	6	7	8	121.27	28.65
椒江	0.01	0.63	1.53	1.03	0.48	0.46	3	4	5	6	7	8	121.43	28.68
临海	0	0.06	0.09	0.08	0.10	0.10	3	4	5	6	7	8	121.12	28.85
仙居	0	0.29	0.10	0.09	0.05	0.09	3	4	5	6	7	8	120.73	28.87
天台	0	0.01	0.06	0.06	0.02	0.05	3	4	5	6	7	8	121.03	29.13
三门	0	0.12	0.10	0.09	0.06	0.06	3	4	5	6	7	8	121.38	29.12
莲都	1.12	1.17	0.85	0.71	0.05	0.37	3	4	5	6	7	8	119.92	28.45
松阳	10.08	8.39	4.45	3.34	1.45	1.07	3	4	5	6	7	8	119.48	28.45
青田	4.43	2.40	4.84	1.31	0.57	0.48	3	4	5	6	7	8	120.28	28.15

续　表

县名	全省29县(市、区)2003—2008年度黄龙病病株率/%						变量因子							
	2003	2004	2005	2006	2007	2008	入侵年序 X(数值化)						经度E/°	纬度N/°
庆元	5.23	4.95	3.89	2.72	2.56	1.67	3	4	5	6	7	8	119.05	27.62
景宁	0.87	2.19	0.52	0.17	0.08	0.04	3	4	5	6	7	8	119.63	27.98
龙泉	0.67	3.26	2.17	0.09	0	0	3	4	5	6	7	8	119.13	28.08
云和	0.02	1.52	0.13	0.17	0.19	0	3	4	5	6	7	8	119.57	28.12
缙云	0	0	0	20.8	6.19	10.86	3	4	5	6	7	8	120.07	28.65
武义	0	0	0	0.29	0	0.11	3	4	5	6	7	8	119.82	28.90
东阳	0	0	0	0.01	0.02	0	3	4	5	6	7	8	120.23	29.28
永康	0	0	0	0	0	0.01	3	4	5	6	7	8	120.03	28.90
金东	0	0	0	0	0	0	3	4	5	6	7	8	119.70	29.08
宁海	0	0	0	0	0.32	0.01	3	4	5	6	7	8	121.43	29.28
象山	0	0	0	0	0.19	0.07	3	4	5	6	7	8	121.87	29.48

四、大流行原因及其形成基础

植物病害流行情况往往取决于病源、感病品种(感染生育期)和环境(耕作栽培和气候)等条件的具备程度及相互吻合关系。对于柑橘黄龙病,在现有栽培环境下,主栽品种大多为感病品种,果园春、夏、秋三梢期均为介体昆虫敏感感染生育期,病情流行与否关键取决于病源的存在与否,或病苗(病穗、病树)的调入种植与介体昆虫的互作互为能力,在病源存在的基础上很大程度取决于介体昆虫种群数量及其带菌率高低;柑橘黄龙病的扩散主要由于病源(病苗、病穗、病树)的人为调运和介体昆虫种群迁徙。因此,控制黄龙病入侵扩散发病,与阻截病源效果、阻断介体昆虫传播存在极大关系,要彻除菌源或许要将介体昆虫密度及其带菌率控制在不足以发病的最低限度。

纵观柑橘黄龙病入侵扩散流行尤其是2000年后大流行形成历史,其基础原因主要有五方面:一是1997年全省出现“卖橘难”问题,市场橘价有时不及采收费用，导致有的果园橘果烂于树上失收，果农丧失管理信心，造成大批果园失管，致使介体昆虫柑橘木虱种群数量广泛上升，为大面积黄龙病扩散流行形成重要环境；二是2000年后种植结构大幅度调整，橘园"上山下乡"快速发展，无论是山地还是平原甚至稻田改种柑橘现象都较为常见，由此造成种苗调运较为频繁，加大了黄龙病较大范围扩散风险；三是随老品种和老龄橘园改造，高接换种面积大，增加了黄龙病扩散传播概率；四是介体昆虫柑橘木虱种群繁衍环境较为优越，一般橘园虫株率在10%左右，高的橘园在50%以上，每株虫量在数头至数十头甚至百头以上，带菌率平均在30%左右，高的达到80%，介体昆虫种群携菌迁徙扩散造成大范围发病流行；五是全球气候变暖，尤其冬季气温上升有利于介体昆虫柑橘木虱种群越冬，提高越冬基数，为冬后种群繁衍和迁徙扩散创造了良好条件，但2008年冬季遭受极度严寒，其后种群数量大幅度下降，也为有效控制病情提供了基础。

由此，病源、介体和环境三者互作互为，形成大流行基础。

第二节　自然感染果园黄龙病发病流行规律

一、自然感染果园黄龙病新发病率变化规律

自然感染果园是指试验划定的对柑橘病树和虫媒不采取任何防控措施，即既不挖除病树，也不防治柑橘木虱，也不补植自然枯死空间种苗，任其病情自然扩散流行的果园。因为自然感染果园当年发病率是积年性发病率，所以新发病率是指自然感染果园当年新增发病率，表示当年新显症（红鼻果）病树数量所占的百分率（即当年自然感染发病新显症病树数量/自然感染果园总树数×100%）。

此次试验地点地处台州的一个四面环水环山，具有天然隔离屏障条件的果园，其土壤为砂性红黄壤土，土层深厚，pH值在5.5～6.5，肥力中等。供试柑橘品种为当地主栽品种早熟宫川，种植密度900株/hm^2，树龄18年，单株树冠绿叶面积一般为5～6m^2，常年春梢期为4月上中旬，夏梢期为7月中下旬，秋梢期为9月下旬和10月上旬，整个挂果期在5

月中下旬至11月上中旬，采果期在11月上中旬。

试验于2002年开始，将此前尚无黄龙病发生的上述果园设定3块样地为自然感染果园，即3次重复进行逐年跟踪调查观察自然发病扩散情况，每块样地划定果园面积500m^2，连片方形选定橘树45株，其中样地Ⅰ于2002年首次查见2株黄龙病病株，样地Ⅱ和样地Ⅲ在2002年尚未查见病株。

每年的11月上旬果实成熟期，依据柑橘黄龙病显症的"红鼻果"逐株调查，以株为单位，分别调查记载每株黄龙病病级，分样地按年度统计柑橘黄龙病当年新发病率（当年新发病率％＝当年新增病树数量/调查橘树数量×100％）。对于9级病树，次年以自然死亡即自然减株论处，不再继续做试验调查树数，也不再做发病树统计。

2002—2016年对柑橘黄龙病自然发病扩散流行进行系统调查，其试验结果见表5-2。由表5-2可知，柑橘园黄龙病自然新发病率与年度之间呈波浪形曲线变化，3个样地变化趋势基本一致。样地Ⅰ为2002年首次发现病株，其新发病率为4.44％；样地Ⅱ为2003年首次发现病株，其新发病率为4.44％；样地Ⅲ为2003年首次发现病株，其新发病率为2.22％。随后新发病率渐趋上升，入侵第4～6年形成第一个新发病率高峰，峰期为2～3年，即样地Ⅰ新发病率2005—2007年分别为15.56％、11.11％和13.64％，较初始发病率增强1.5～2.5倍；样地Ⅱ新发病率2007年为16.28％，较初始发病率增强2.7倍；样地Ⅲ新发病率2006—2007年分别为13.33％和13.64％，较初始发病率增强5.0～5.1倍，总发病率40％。然后入侵第7年（2008年）新发病率趋向低谷，样地Ⅰ为9.30％，样地Ⅱ为9.52％，样地Ⅲ为4.55％，合计新发病率7.75％。此后入侵第8年（2009年）又渐趋回升形成第二个新发病率高峰，峰期为1年，即样地Ⅰ为11.90％，样地Ⅱ为11.90％，样地Ⅲ为9.09％，分别较初始发病率增强1.7倍、1.7倍和3.1倍，到此总发病率57％。此后2009—2010年新发病率减弱分化再度趋向回落，但入侵第10～11年（2011—2012年）再次形成第三个新发病率高峰，峰期为1～2年，样地Ⅱ为19.44％，样地Ⅲ为10.00％～14.63％，而样地Ⅰ不明显，到此总发病率达81％。而剩余尚未显症植株在入侵第12～13年新发病率趋向低谷，为 3%左右，入侵第 14～15 年尾数翘尾显峰，相对新发病率样地Ⅰ为 11.11%，样地Ⅱ为 7.41%，样地Ⅲ为 9.68%～7.14%，到此总发病率为 92%。

因样地Ⅰ与样地Ⅱ和样地Ⅲ初次发现病株先后相隔 1 年，若按初始发病显症年序均值统计分析，入侵第 1 年初始发病率 3.70%，入侵第 4～5 年新发病率上升为第一个高峰且分别为 11.85%和 13.68%，较初始发病率增强 2.2～3.7 倍；到入侵第 6 年回落至 9.24%，到入侵第7～8年回升为第二个高峰且分别为 10.10%和 10.21%，较初始发病率增强 1.7～1.8 倍；其后入侵第 9 年又回落到 9.89%，到入侵第 10 年又再度升高为 10.82%成为第三个高峰，此后入侵第 11～13 年逐渐减弱为 3.04%、3.41%和 4.30%，直到入侵第 14～15 年出现尾量尾峰，分别为 6.44%和 11.11%，至此趋向全园发病，达到毁园状态。由此可见，温州蜜柑果园初次遭受黄龙病入侵，若不加以控制，使之自然扩散，则第 4～5 年形成第一个高峰，其新发病率 25%左右；到第 7～8 年形成第二个高峰，其新发病率为 20%左右；到第 10 年形成第三个高峰，其新发病率为 11%左右；到第 14～15 年形成第 4 个高峰，其新发病率为 9%左右。故温州蜜柑若持续 14～15 年经历四个自然发病高峰，则会趋向全园扩散流行发病。

表 5-2　自然感染果园 2002—2016 年黄龙病新增病树及新发病率统计

年度	样地Ⅰ				样地Ⅱ				样地Ⅲ				合计			
	调查树数/株	当年病树/株	新增病树/株	当年新(株)发病率/%	调查树数/株	当年病树/株	新增病树/株	当年新(株)发病率/%	调查树数/株	当年病树/株	新增病树/株	当年新(株)发病率/%	调查树数/株	当年病树/株	新增病树/株	当年新(株)发病率/%
2002	45	2	2	4.44	45	0	0	0	45	0	0	0	135	2	2	1.48
2003	45	3	1	2.22	45	2	2	4.44	45	1	1	2.22	135	6	4	2.96
2004	45	6	3	6.67	45	3	1	2.22	45	1	0	0	135	10	4	2.96
2005	45	13	7	15.56	45	6	3	6.67	45	4	3	6.67	135	23	13	9.63
2006	45	18	5	11.11	45	9	3	6.67	45	10	6	13.33	135	37	14	10.37
2007	43	23	6	13.64	43	14	7	16.28	44	15	6	13.64	131	52	19	14.50
2008	42	26	4	9.30	42	17	4	9.52	44	17	2	4.55	129	60	10	7.75
2009	42	30	5	11.90	42	22	5	11.90	44	21	4	9.09	128	73	14	10.94
2010	42	33	3	7.14	42	27	5	11.90	44	24	3	6.82	128	84	11	8.59
2011	38	25	1	3.03	38	26	3	7.89	41	27	6	14.63	112	78	10	8.93
2012	36	20	1	3.70	36	31	7	19.44	40	30	4	10.00	103	81	12	11.65
2013	35	18	1	4.17	35	31	1	2.86	39	30	1	2.56	98	79	3	3.06
2014	32	16	0	0	32	29	1	3.13	34	26	1	2.94	88	71	2	2.27
2015	31	16	1	4.76	31	29	1	3.23	31	26	3	9.68	83	71	5	6.02
2016	27	15	2	11.11	27	27	2	7.41	28	25	2	7.14	73	67	6	8.22

二、自然感染果园黄龙病新发病病情变化规律

自然感染黄龙病果园新发病病情是指黄龙病在自然无病果园入侵感染发生的年度之间新增加的病树病级数量情况，即以当年新增的病情指数表示。

根据柑橘黄龙病自然感染果园定树系统调查观察结果(图5-7)，将病

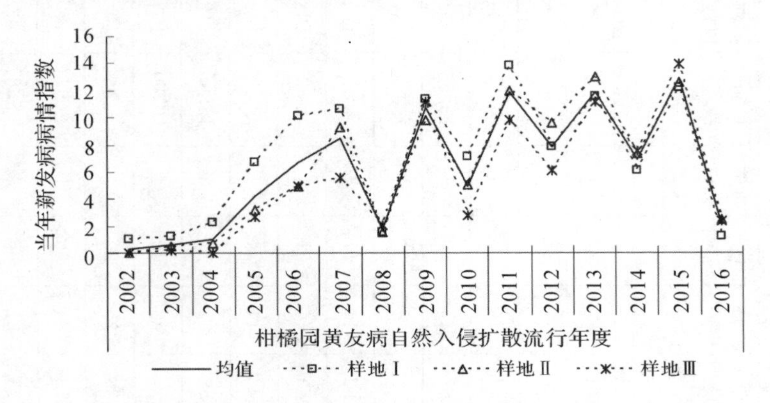

图5-7 温州蜜柑黄龙病自然感染果园年度新感染病情变化动态

株病情分级标准确定为：0级：全树无病；1级：树上有1～2个果枝显症；3级：显症病果枝占全树的1/3以下；5级：显症病果枝占全树的1/3以上，2/3以下；7级：显症病果枝占全树2/3以上；9级：全树死亡；其病情指数=∑(各级病株数×该病级值)/(调查总株数×最高级值)×100。当年新增的病情指数即当年新感染病情=当年新增的感染病树病级之和/(调查总树数×病级最高级)×100。

由图5-7可知，柑橘黄龙病自然感染果园新感染病情指数自入侵扩散第5～6年形成初次高峰后则呈年升年降波动变化趋势，较新发病率曲线波动频率高，试验样地之间变动趋势表现一致。2002年样地Ⅰ显症且新感染病情指数为0.99，样地Ⅱ未显症则病情指数为0，样地Ⅲ未显症则病情指数为0；2003年新感染病情指数样地Ⅰ为1.23，样地Ⅱ初次显症为0.49，样地Ⅲ初次显症为0.25；2004—2005年样地Ⅰ新感染病情上升指数为2.22和6.67，样地Ⅱ上升指数为0.74和3.21，样地Ⅲ为0和2.72；2006—2007年指数快速上升形成高峰，其新感染病情指数样地Ⅰ为10.12和

10.67,样地Ⅱ为4.94和9.30,样地Ⅲ为4.94和5.56,其均值升至6.67和8.49。然后新感染病情指数趋向一降一升,2008年3块样地均值1.72,2009年10.76,2010年4.98,2011年11.85,2012年7.83,2013年11.90,2014年6.96,2015年12.90,2016年2.03。到此基本全园毁园。由此可见,温州蜜柑果园黄龙病自然入侵感染扩散流行最大周期为14～15年,即从初次入侵感染到全园毁园为14～15年。

三、自然感染果园黄龙病积年性发病扩散流行规律

柑橘黄龙病积年性自然发病扩散流行主要包含病情扩散面(当年发病率)和严重度(当年病情指数)两方面,当年发病率＝当年积年性发病率%＝当年发病树株数/调查树株数×100%,当年病情指数＝积年性病情指数＝∑(当年感染病树病级总和)/(调查总树数×病级最高级)。

柑橘黄龙病自然积年性发病率是指自然感染(不采取任何黄龙病防控措施)果园当年发病树数百分率,即当年发病率,为黄龙病扩散能力或扩散速率指标(图5-8)。图5-8显示温州蜜柑橘园黄龙病自然扩散(积年病株率%)趋势呈逻辑斯谛曲线上行走势,其扩散危害是呈现随时序推进而渐趋上升的变化规律,经统计处理分析,柑橘黄龙病积年发病率(M:%)与入侵年序(N)数值化(设2002年为初始入侵年度,且$N=1,2,3,\cdots,n$)数学模型为:$M=87.4585/[1+\mathrm{EXP}(3.4263-0.506543N)]$($df=15$, $F=766.4823$, $P=0.0001$, $R=0.9961^{**}$)。表明温州蜜柑橘园黄龙病年度发病率随初次感染显症年序增加而扩散递增,其自然入侵扩散(发病率)呈周期性变化规律,温州蜜柑无病橘园一旦出现黄龙病显症后,自第3年开始就会快速扩散,直至第14～15年扩散趋向峰值,其发病率趋于90%以上,此后扩散几乎徘徊在渐近线边缘缓慢上升变化。故温州蜜柑橘园黄龙病从初次入侵显症到全园基本处于发病状态历期14～15年。

柑橘黄龙病自然积年性病情指数是指自然感染果园当年发病树不同病级数量的病情指数,即当年病情指数,为黄龙病发病流行程度指标(图5-8),表明温州蜜柑橘园黄龙病自然发病流行(积年病情指数)趋势也呈逻辑斯谛曲线上行走势,其病情流行危害也是呈现随时序推进而渐趋加

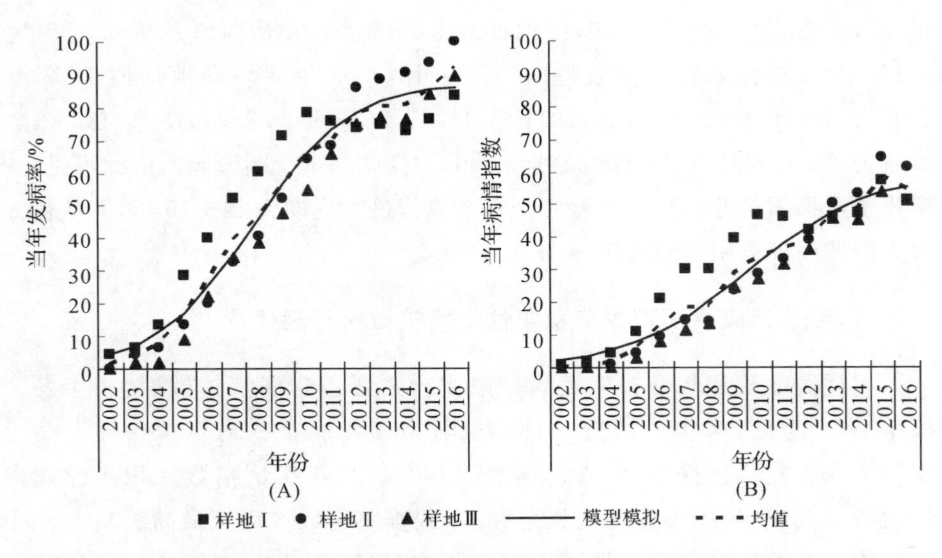

图 5-8 温州蜜柑橘园黄龙病积年性自然感染发病扩散流行轨迹

重的变化规律，经统计处理分析，柑橘黄龙病积年病情指数（I）与入侵年序数值化（N）数学模型为：$I = 59.3441/[1 + \mathrm{EXP}(3.5217 - 0.410348 N)]$（$df = 15$，$F = 304.3001$，$P = 0.0001$，$R = 0.9903^{**}$）。结果显示温州蜜柑橘园黄龙病病情流行呈周期性变化规律，无病果园一旦感染黄龙病显症后，自第 2 年开始病情就会渐趋加重，直至第 14～15 年病情趋向峰值，即病情指数趋向 60 左右，总发病率处于 90%左右，此后病情增速趋缓，几乎在渐近线边缘缓慢徘徊上升，故温州蜜柑果园黄龙病自然发病流行周期为 14～15 年，即田间首次查见显症发病后自然流行 14～15 年则整个果园处于彻底毁园状态。如此变化规律，也是黄龙病病原累积增加和介体昆虫柑橘木虱传染共同影响所致。

第三节　柑橘园黄龙病发病对产量和品质的影响

一、柑橘黄龙病不同病级病树的果实产量测定

在试验果园所选的果树，树龄 20 多年，品种为温州蜜柑（早熟宫川），

样地为 3 块发病较重地点，每块样地 30～50 株，分别调查每株柑橘黄龙病病级，按病级逐株记载。在此基础上，每块样地按标准病级目测选定 3 株，成熟采收期调查选定株健果数和病果数，同时按植株树冠的东西南北中 5 个方位分采健果和病果各 2 个，共计每株采健果 10 个和病果 10 个，即每块样地抽样 3 株采健果、病果各 30 个(因 9 级病树无健果且结果数也很少，所以每样地采 10 个病果测定)，然后逐个测果重、果径和糖度，计算株产和产量损失率，分析柑橘黄龙病对果品产量和品质的影响。试验结果表明，随着柑橘黄龙病的发病流行，橘树单株结果数随病树病级上升而减少，健果率随病树病级上升而下降(表 5-3)。将表 5-3 数据统计处理分析，病树病级数(m)与其结果数(G)和健果率(J %)均呈极显著的负线性关系，其关系式为：$G = 487.39 - 40.454m$ ($n = 6$，$r = -0.9287^{**}$，$r_{0.01} = 0.9172$)；$J = 108.21 - 11.301m$ ($n = 6$，$r = -0.9742^{**}$，$r_{0.01} = 0.9172$)。对于单果果重，病果果重(均值 60.9 g)虽较健果果重(均值 110 g)降 44.64%，但对于不同病级病树健果果重却无明显影响，反而随病级上升(单株着果数减少而营养输送相对集中丰富)而有所提重。作为单株健果产量，总体上随病树病级上升而下降，但 1 级病树却较无病处理增重，主要原因在于 1 级病树对整体生长影响较微，同时随着果量减少，受营养和空间影响，果形相对增大，单果重相应增加。经统计处理分析，不同病级(m)病树与其单株产量(Y)呈显著负线性关系，其关系式为 $Y = 49.033 - 4.5954m$ ($n = 6$，$r = -0.9330^{**}$)；而不同病级(m)病树与其产量损失率(y %)呈显著正线性关系，其关系式为：$y = 13.04m - 14.838$ ($n = 6$，$r = -0.9580^{**}$)。表明柑橘黄龙病发病流行对橘树产量有着极显著影响，随着病树病情逐步升级易对柑橘生产形成灾难性危害。

表 5-3　柑橘黄龙病发病流行对橘果产量要素影响测定(温州蜜柑)

病级	单树										单树						
	健果数/(个·株$^{-1}$)				病果数/(个·株$^{-1}$)				总果数/个	健果数率/%	健果数/(个·株$^{-1}$)				病果数/(个·株$^{-1}$)		
	Ⅰ	Ⅱ	Ⅲ	$\bar{X}$	Ⅰ	Ⅱ	Ⅲ	$\bar{X}$			Ⅰ	Ⅱ	Ⅲ	$\bar{X}$	Ⅰ	Ⅱ	Ⅲ
0	376	479	430	0	0	0	0	430.3	100	84.3	87.9	118.1	96.8	—	—	—	
1	402	422	441	421.7	28	26	23	25.7	447.4	94.3	109.8	95.4	118.5	107.9	58.8	68.1	69.6
3	440	413	305	386.0	76	95	82	84.3	470.3	82.1	91.6	109.8	120.7	107.4	57.2	56.3	47.4
5	243	142	116	167.0	103	89	62	84.7	251.7	66.4	89.4	81.6	125.3	98.8	59.1	58.6	69.8
7	80	44	30	51.3	192	170	124	162.0	213.3	24.1	168.8	114.5	134.2	139.2	70.4	58.0	63.4
9	0	0	0	0	100	—	—	100	100	0	—	—	—	—	58.8	—	—
均值	—	—	—	242.7	—	—	—	76.1	318.8	76.1	—	—	—	110.0	—	—	—

二、柑橘黄龙病不同病级病树橘果品质测定

通过柑橘黄龙病不同病级病树果径和糖度测定得出该病对橘果品质影响情况(表5-4)。果径是柑橘果实外观质量的一个重要指标,不同病级病树成熟采收时健果果径为6.06～6.82cm,均值6.31cm,随着柑橘黄龙病病树病级上升,健果果径大小变化不显著;而不同病级病树成熟采收时病果果径为4.97～5.17cm,大小变化较微弱,均值5.00cm。但总体上病果果径较健果果径减少131cm,减少率达20.8%,表明病果变小,并且果形僵硬,适口性极差而无法食用。

糖度是柑橘果实内在品质的重要指标,不同病级病树成熟采收健果糖度为12.09～13.05度,均值12.66度,在此幅度范围内健果糖度基本上随病级增加而上升,主要原因在于单树角度果数相对减少而养分尤其是糖分输送相对加强;而不同病级病树成熟采收病果糖度为7.16～8.39度,均值7.81度,在此范围内不同病级病树病果糖度高低变化相对较微弱。这表明病果糖度较健果显著下降4.85度,降糖率达38.28%,从而致病果甜味下降,酸味甚至苦味加浓,果实无食用价值。

表 5-4　柑橘黄龙病发病流行对橘果品质影响(温州蜜柑)

病级	果径/(cm·个$^{-1}$)									糖度/度								
	健果				病果				病果较健果减少率/%	健果				病果				病果较健果降低率/%
	Ⅰ	Ⅱ	Ⅲ	$\overline{X}$	Ⅰ	Ⅱ	Ⅲ	$\overline{X}$		Ⅰ	Ⅱ	Ⅲ	$\overline{X}$	Ⅰ	Ⅱ	Ⅲ	$\overline{X}$	
0	5.82	5.92	6.4	6.07	—	—	—	—	—	11.65	12.72	11.9	12.09	—	—	—	—	—
0	6.52	6.1	6.35	6.32	4.94	5.43	5.15	5.17	—	11.61	13.56	13.66	12.943	7.92	8.13	7.52	7.86	—
3	5.92	6.34	6.54	6.24	4.83	484	457	4.75	−24.3	13.37	14.1	11.45	12.97	7.98	7.97	6.85	7.6	−41.4
5	5.85	5.64	6.7	6.06	4.89	4.93	5.33	5.079	−16.71	14.07	11.79	10.85	12.24	7.93	8.21	8.02	8.05	−34.21
7	7.32	6.28	6.86	6.82	5.24	4.86	5.04	5.05	−26.04	11.74	13.65	13.77	13.05	9.46	8.16	7.56	8.39	−35.69
9	—	—	—	—	4.97	—	—	4.97	—	—	—	—	—	7.16	—	—	7.16	—
均值				6.31				5.00	−20.82				12.66				7.81	−38.28

三、柑橘黄龙病发病流行果园产量及损失率测定

2002—2016 年采用多年多级法对试验果园柑橘黄龙病发病及其橘果产量情况进行系统调查(表 5-5)。随着柑橘黄龙病病情逐年加重,果园产量逐年下降,这表明柑橘黄龙病发病流行可造成果园严重减产,甚至产生成灾危害。经统计分析柑橘黄龙病发病流行产量损失率(Y%)与果园发病率(X%)和病情指数(M)存在极显著的 Logisti 曲线关系:$Y=303.2452/[1+\mathrm{EXP}(4.6664-0.040454X)]$ $df=15$,$F=317.6203$,$P=0.0001$,$R=0.9907^{**}$,$r_{0.01}=0.6411$;$Y=96.6812/[1+\mathrm{EXP}(3.3020-0.082524M)]$ $df=15$,$F=355.5242$,$P=0.0001$,$R=0.9917^{**}$,$r_{0.01}=0.6411$。

由此可见,柑橘黄龙病果园产量损失率随发病率或病情指数上升而升高,当果园黄龙病株发病率在 20%以上或病情指数在 10 以上时,果园产量损失率呈线性快速上升,易造成毁产毁园,尤其是当柑橘黄龙病发病率在 50%以上或病情指数在 25 以上时,果园产量损失率将趋于 20%以上,可产生局部灾发危害。

表 5-5　试验果园 2002—2015 年黄龙病发病及其产量测产情况

年度	病株率/%				病情指数				产量/Kg				产量损失率/%			
	Ⅰ	Ⅱ	Ⅲ	$\bar{X}$	Ⅰ	Ⅱ	Ⅲ	$\bar{X}$	Ⅰ	Ⅱ	Ⅲ	$\bar{X}$	Ⅰ	Ⅱ	Ⅲ	$\bar{X}$
2002	4.44	0.00	0.00	1.48	0.99	0	0	0.33	1878	1895	1889	1887	0	0	0	0
2003	6.67	4.44	2.22	4.44	2.22	0.49	0.25	0.99	1853	1882	1878	1871	1.34	0.68	0.57	0.86
2004	13.33	6.67	2.22	7.41	4.44	1.23	0.25	1.98	1826	1882	1878	1862	2.77	0.69	0.57	1.34
2005	28.89	13.33	8.89	17.04	11.11	4.44	2.96	6.17	1771	1831	1853	1818	5.71	3.36	1.92	3.66
2006	40.00	20.00	22.22	27.41	21.23	9.38	7.90	12.84	1536	1756	1792	1694	18.22	7.35	5.14	10.24
2007	52.27	32.56	34.09	39.69	30.05	14.47	11.36	18.66	1326	1626	1699	1550	29.41	14.21	10.06	17.89
2008	60.47	40.48	38.64	46.51	29.97	14.02	13.38	19.12	1329	1642	1684	1552	29.24	13.33	10.86	17.81
2009	71.43	52.38	47.73	57.03	39.68	23.81	24.49	29.25	1119	1419	1430	1323	40.42	25.12	24.30	29.95
2010	78.57	64.29	54.55	65.63	46.83	28.84	27.27	34.20	1043	1387	1421	1284	44.44	26.81	24.76	32.00
2011	75.76	68.42	65.85	69.64	46.13	33.33	31.71	36.51	833	1195	1286	1105	55.66	36.94	31.92	41.51
2012	74.07	86.11	75.00	78.64	41.98	39.20	36.11	38.73	728	1081	1173	994	61.23	42.94	37.91	47.36
2013	75.00	88.57	76.92	80.61	46.30	50.48	45.58	47.51	546	822	964	777	70.92	56.62	48.97	58.84
2014	72.73	90.63	76.47	80.68	47.47	53.13	45.10	48.61	466	677	825	656	75.17	64.25	56.32	65.25
2015	76.19	93.55	83.87	85.54	57.14	64.16	53.76	58.50	363	458	607	476	80.64	75.81	67.85	74.77
2016	83.33	100	89.29	91.78	51.23	61.32	51.19	54.95	310	310	361	327	83.49	83.64	80.89	82.67

第四节　柑橘黄龙病发病流行成灾原因

一、品种

2004—2005年在黄岩、玉环、温岭、椒江、乐清、瓯海、永嘉、莲都、庆元、龙泉等橘区，选取常规栽培品种、常用砧木以及野生金豆等25个种类和品种，采集发病果园田间显症斑驳黄化春梢叶片（其中砧木枳壳、九里香和小红橙田间无症采集）样品，经PCR检测，温州蜜柑、椪柑、本地早、槾橘、柠檬、高橙、玉环柚、早香柚、四季柚、瓯柑、天草、甜橘柚、伊予柑、胡柚、金橘、佛手、代代橘、翡翠柚、雪柑、九里香、砧木枳壳、构头橙、朱栾、小红橙等25种全为黄龙病阳性，尤其是常规栽培品种及野生金豆，检测阳性与田间显症表现相一致，均表现为感病品种；常用砧木枳壳及九里香和小红橙则田间无症表现而检测阳性，表明其为隐症品种，具有良好的耐病能力。总之，现有柑橘主产区主要栽培柑橘品种都为感病品种，一旦黄龙病大面积入侵，则易形成大范围流行危害。

二、病源

（一）病树

1. 自然感染果园当年病株数与次年发病面积关系模型

病树是重要病源之一。运用台州试验基地自然感染果园3样地积年黄龙病发生逐年监测数据（表5-6），将当年3样地病树数m（株）与次年发病面积S（m^2）进行统计分析，两者存在极显著的线性关系，其关系模型为$S=10.725m+127.7$（$n=13$，$r=0.9932^{**}$，$r_{0.01}=0.7079$），表明病树是柑橘园黄龙病发病流行的根本原因所在，其病树多寡是衡量该区域黄龙病病源量和扩散的重要因素，也是预测下年度发病程度的重要因素。经模型分析，理论上若$667m^2$规模柑橘园当年有1株病树，任其持续发病2～3年果园发病率可达50%～80%。因此，病树是造成黄龙病流行成灾的重要因素。

表 5-6 柑橘园柑橘黄龙病 2002—2015 年度病树数与发病面积调查

年度	Ⅰ		Ⅱ		Ⅲ		合计	
	病树数/株	发病面积/m^2	病树数/株	发病面积/m^2	病树数/株	发病面积/m^2	病树数/株	发病面积/m^2
2002	2		0		0		2	
2003	3	33	2	22	1	11	6	67
2004	6	67	3	33	1	11	10	111
2005	13	144	6	67	4	44	23	256
2006	18	200	10	111	10	111	38	422
2007	24	267	16	178	16	178	56	622
2008	28	311	20	222	18	200	66	733
2009	33	367	25	278	22	244	80	889
2010	36	400	30	333	25	278	91	1011
2011	37	411	33	367	31	344	101	1122
2012	38	422	40	444	35	389	113	1255
2013	39	433	41	456	36	400	116	1289
2014	39	433	42	467	37	411	118	1311
2015	40	444	43	478	40	444	123	1367

2. 县域普查当年病株数与次年发生面积关系模型

运用浙江台州 2002—2015 年所辖 9 个县(市、区)黄龙病逐年全境式普查数据(红鼻果显症期),将 9 个县(市、区)当年全面普查病树数 M(万株)与次年该地点发生面积 S(hm^2)进行统计分析(表 5-7),结果表明两者存在极显著的线性相关关系,其关系模型为:$S=48.745M+223.32$($n=114$, $r=0.7632^{**}$, $r_{0.01}=0.2393$)。从模型系数扩散分析,理论上当年 1 株病树可造成次年果园起码 $50m^2$(各地点均值 48.75≈50,辐度为 30~$80m^2$)面积扩散发病,其扩散速度较自然感染果园试验系数(1 株病株起码扩散系数 10.73≈11)增加近 5 倍,主要原因在于自然感染果园积年重复感染,相对扩散面积受限。

表 5-7　浙江台州 2002—2015 年度各县黄龙病病树数与发生面积统计分析

普查项目	年度	玉环	温岭	路桥	椒江	黄岩	临海	三门	仙居	天台	全市
病树数/万株	2002	8.86	5.38	0.31	0	0.85	0	—	—	—	15.41
	2003	18.07	17.97	0.51	0.02	11.31	0	0	0.97	0	48.84
	2004	19.95	56.09	1.14	1.36	31.21	0.50	0.43	0.24	0.02	110.93
	2005	31.51	21.67	1.56	3.07	35.64	1.01	0.31	0.06	0.04	94.86
	2006	3.49	14.64	0.99	2.04	30.5	1.27	0.29	0.05	0.04	53.31
	2007	1.30	12.44	0.63	0.93	25.86	1.23	0.23	0.03	0.03	42.68
	2008	1.67	2.75	0.36	0.78	19.13	1.12	0.18	0.04	0.02	26.05
	2009	1.62	2.04	0.21	0.72	16.08	0.98	0.12	0.01	0	21.78
	2010	1.88	1.34	0.17	0.70	10.15	0.60	0.06	0.01	0.02	14.92
	2011	0.66	0.65	0.12	0.43	7.55	0.31	0.08	0.04	0.01	9.84
	2012	0.46	0.47	0.04	0.37	5.88	0.19	0.05	0.03	0.01	7.49
	2013	0.43	0.44	0.03	0.33	4.29	0.20	0.03	0.02	0	5.78
	2014	0.66	0.30	0.03	0.25	3.34	1.01	0.03	0.01	0	5.63
	2015	0.04	0.20	0.02	0.22	2.85	2.55	0.02	0.01	0	5.91
发生面积/hm^2	2002	578	333	4	—	72	—	—	—	—	988
	2003	1932	440	13	1	1090	1	—	—	—	3476
	2004	1884	1317	124	219	2358	211	73	28	9	6223
	2005	1551	1346	115	331	2556	572	34	13	9	6527
	2006	1118	1254	108	671	2435	544	34	16	14	6194
	2007	1118	953	69	381	1817	618	38	12	23	5028
	2008	1077	867	44	299	1423	553	24	6	14	4305
	2009	1118	687	26	230	1209	524	17	9	7	3826
	2010	1118	701	15	189	1014	403	17	5	6	3467
	2011	528	651	10	119	808	261	19	10	2	2406
	2012	411	513	9	95	682	167	14	7	2	1900
	2013	395	451	9	81	494	139	7	5	2	1583
	2014	415	313	8	61	326	261	18	9	2	1413
	2015	415	265	7	60	303	332	16	6	2	1406

(二)种苗

新果园种植携菌种苗和老果园因缺补植携菌种苗是果园暴发黄龙病的常见原因。依据果园病苗扩散速率分析,若新果园种植携菌种苗阳性率1.0%(按理论上1株病树1年可致150m^2果园面积发病速率计算),按种植密度1200株/hm^2计算,则3年后理论发病率可高达13.3%~21.2%。近年来发现新果园,如临海洞坑龙花果园,2014年初次投产黄龙病发病率就高达26.0%,临海沿江老果园补植新橘苗(疑存有携菌种苗)也存在此情况。此外,2015年对临海柑橘苗圃抽样94处检测,平均阳性率2.1%,高的苗圃阳性率4.0%,对新一波黄龙病暴发存在极大隐患。因此,种苗携菌阳性率是预示黄龙病将要再度流行成灾的重要内因。故培育无菌种苗和种植无病种苗是黄龙病防控的重大措施。

(三)接穗

嫁接携菌接穗会致黄龙病菌人为传染。对台州黄岩院桥、澄江2个镇(街道)温州蜜柑果园的调查表明(表5-8),高接换种果园平均黄龙病株发病率30.25%,病情指数13.82;而未高接换种常规栽培果园黄龙病平均株发病率6.93%,病情指数为2.98。方差分析表明存在显著性差异,表明柑橘高接换种携菌接穗有利于黄龙病流行。因此,高接换种是黄龙病暴发流行的重要外在因素,2000年后各地推广此法做品种结构调整,在一定程度上助推了黄龙病灾发流行。对此,在黄龙病发生区应严格控制高接换种等嫁接方式,加强健身栽培如冬春清园、抹芽控梢、弱势栽培等措施的开展,形成不利于介体昆虫携菌感染的环境,以提高田间自然控病潜力。

表5-8 温州蜜柑高接换种与常规栽培发病情况调查

橘园编号	高接换种栽培			常规(未高接处理)栽培		
	调查数/株	病株率/%	病情指数	调查数/株	病株率/%	病情指数
Ⅰ	42	30.95	12.86	45	0	0
Ⅱ	45	17.78	8.44	40	7.50	3.50
Ⅲ	42	59.52	30.48	31	16.13	6.45
Ⅳ	99	27.23	12.33	43	5.78	2.48
Ⅴ	76	15.79	5.00	57	5.26	2.46
$\bar{x}$	61	30.25	13.82	43	6.93	2.98

三、介体昆虫

柑橘黄龙病是一种柑橘检疫性细菌性病害，远距离传播主要通过带菌种苗、带菌接穗或病树的调运，而果园内外的扩散主要通过柑橘木虱。因此，黄龙病流行成灾在很大程度上是由于介体昆虫柑橘木虱的种群数量大及其带菌率高。

（一）种群数量

柑橘木虱为柑橘常发性害虫，在果园主要通过吸汁取食对嫩梢嫩芽产生危害，常规采取兼治防治，结合冬季（采前或采后）清园、春季（芽前）清园，花期保果，夏、秋季病虫害组合用药防治等正常管理，基本能有效控制其种群数量。若放松田间管理，或不对柑橘木虱采取应对兼治措施，或使果园失管，则由于害虫种群繁衍能力强，数量短期就会快速增加，尤其是夏、秋季往往种群密度处于高位，夏、秋枝梢携菌传染频率高，成功侵染概率上升，其不仅从次要害虫上升为主要害虫，而且从取食危害转变成传病危害。从历史来看，2000 年前后种群上升较快，田间密度普遍趋高，果园查见率高，浙南果园大多虫株率在 50%以上，秋季高峰期成若虫数量 2003 年乐清监测点为 40000～50000 头/百株，2004 年浙西金东监测点为 10000～12000 头/百株，浙东南黄岩为 2500～3000 头/百株，浙西南莲都为 2000～5000 头/百株。这是造成黄龙病大流行的重要因素。

（二）带菌率

柑橘木虱带菌率是介体昆虫柑橘木虱种群数量携带黄龙病菌概率，是介体昆虫种群对健康果园染侵的传病指标。第三章第三节（图 3-1 和图 3-3）分析显示，介体柑橘木虱种群带菌率变化规律，一般 4 月、7 月和 10—11 月为带菌率高峰，与果园春梢、夏梢和秋梢的三梢期生长相吻合，一旦带菌率高则极易入侵健康果树传染发病，尤其是暖冬气候的秋梢以及秋冬梢，若遇介体虫口密度大、携菌率高，两者相互适应，极易造成果园发病流行或成灾传染危害。此外，12 月至翌年 2 月为全年带菌率最高峰，因柑橘木虱当时处于越冬期，或处于滞育或无完全滞育，极易使种群携带病菌过冬，可直接成为下一年春季春梢感染的重要菌源。

根据对乐清、黄岩、温岭、莲都、临海、玉环等地果园不定期不定点随机取样监测，2001 年冬季 4 地 5 点取样 5 个（150 头），带菌率 4.46%（0～13.9%）；2002 年秋季 3 地 3 点取样 3 个（90 头），带菌率 31.5%（0～77.8%）；2003 年冬季 1 地 1 点取样 1 个（30 头），带菌率 36.7%；2004 年夏季 1 地 3 点取样 6 个（180 头），带菌率 37.23%（16.7%～66.7%）；2004 年秋季 3 地 7 点取样 7 个（210 头），带菌率 35.67%（3.3%～70.0%）；2005 年春季 1 地 4 点取样 4 个（120 头），带菌率 41.65%（30.0%～50.0%）；2005 年夏季 5 地 7 点取样 7 个（210 头），带菌率 22.23%（10.0%～42.3%）。此外，浙江柑橘研究所对黄岩果园取样检测，2005 年 5 月—2006 年 4 月平均带菌率 41.4%，2010 年 7 月—2011 年 3 月平均带菌率 74.5%。因此可见，2002 年以来介体柑橘木虱带菌率持续趋向高位，为黄龙病传染发病流行奠定了重要条件。

四、气候条件

随着全球气温的上升，各地气温也同样随之逐渐上升，尤其是冬季变化对黄龙病介体昆虫影响较为明显。由浙江台州气象资料分析得出（图 5-9），36 年来平均每 8 年上升 0.5℃，特别冬季气温上升显著，经对最

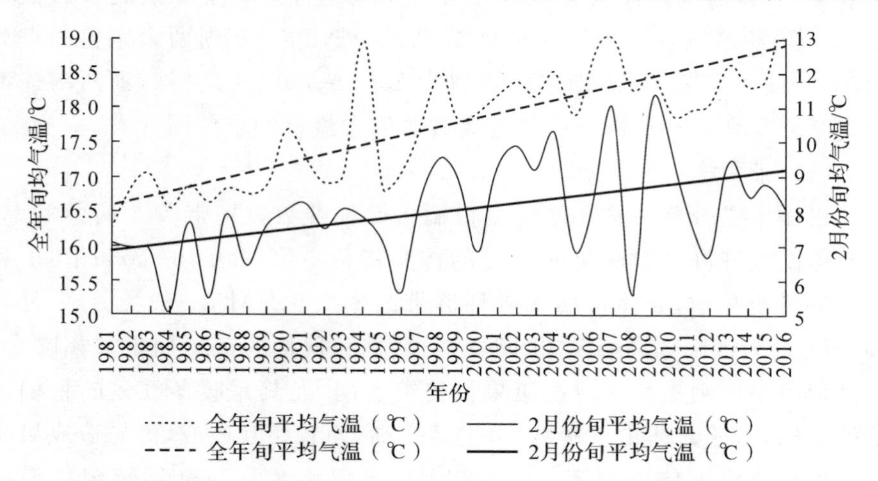

图 5-9　浙江台州 1981—2016 年冬季 2 月份与全年平均气温变化

低的 2 月份旬平均气温统计，20 世纪 80 年代 6.6℃、90 年代 7.9℃、2000—2009 年 8.9℃，2010—2016 年 8.4℃，进入 2000 年后气温上升较

快，平均保持在8.0℃以上，为介体昆虫柑橘木虱种群越冬和繁衍创造了良好条件，促使较多地方从介体昆虫柑橘木虱不适生区转变成适生区，甚至冬季处无完全滞育活动，从而为黄龙病北扩或加重为害奠定了重要基础。因此，冬季气温不断上升是黄龙病向无病区扩散和加重发生的重要外部环境因素。

从台州的2月份气温变化来看，1997—1999年和2001—2004年出现持续暖冬，平均气温9.4℃，高出历年(1981—2000)均值2.2℃，即高出历年均值30.39%，造成2003—2005年前后台州南部橘园黄龙病大流行，玉环柚从2002年的2074hm^{2}毁园至2006年的1118 hm^2，4年时间毁园率达46.1%。温岭柑橘从2002年的4777hm^{2}毁园至2006年的1274 hm^2，4年时间毁园率达73.3%。这是冬季气温不断上升、越冬介体昆虫种群数量不断增加，加上果园漏诊病树分布较广、携菌率提高、感染概率增加所致。2008年全年气温偏低不明显，但2月份出现严寒现象，2月上中旬平均气温仅为3.9℃和4.7℃，连续两旬低于临界5℃，从而2008年果园柑橘木虱虫口密度长期趋于低位发生，全年累计百株成若虫量100头(80～120头)；2009年暖冬2月气温11.2℃，则当年累计百株虫量4550头(3760～5340头)。由此表明当年的介体昆虫虫口密度随冬季气温上升而增加，总体随着暖冬现象的持续，介体昆虫虫口数量增加，加速黄龙病传染暴发危害。

第六章　柑橘黄龙病监测预警技术及其空间格局参数

第一节　柑橘种苗黄龙病监测预警技术

一、预测依据

（一）种苗繁育特性

柑橘种苗繁育主要有高压苗、嫁接苗和实生苗等繁育方式，但高压苗1根枝条只繁1棵，适宜高接换种，不宜批量生产，实生苗繁育简单，可大批量生产，但在生产上除砧木外无利用价值；当前柑橘种苗主要为嫁接苗繁育，采用砧木嫁接接穗繁育，砧木主要为枳壳等实生苗（有的也为扦插苗），接穗通过母本园及采穗圃二级生产，然后将砧木苗嫁接上接穗成为种苗圃（繁育场），嫁接成活后培育一年（1个春季）出圃称为一年生苗（单春苗），嫁接后培育两年（2个春季）出圃称为二年生苗（双春苗），有的为三年生苗，有的经假植的大苗为多年生苗。

（二）种苗黄龙病感染显症规律

1.发病规律

种苗黄龙病主要为携菌接穗（源自母本园或采穗圃）通过嫁接直接感染和介体昆虫柑橘木虱携菌取食嫩芽间接吸汁感染，其症状表现与成株期春梢显症相似，总体上当年感染的新抽春梢能正常转绿，若干月后部分叶片主脉、侧脉附近黄化，叶肉逐渐褪绿变黄，形成黄绿相间的斑驳，叶质硬化。携菌嫁接试验表明，品种之间叶片黄化显症存在较大差异，椪柑普遍表现为斑驳型和均匀型黄化，温州蜜柑、实生锦橙多数表现为缺素型黄化，脐血橙、瓯柑、金柑有缺素型和斑驳型两类黄化，胡柚、玉环柚和佛手具有典型的斑驳黄化显症。一般从感染到显症潜伏期时长平均为10.5月（6～18月），一般温州蜜柑、椪柑、玉环柚、瓯柑、血橙等潜伏期时长为6～7月；脐橙为9月左右，胡柚、锦橙、佛手和金柑等为18月。枳壳等砧木具隐症特性。因此，苗期显症较少，较难诊断。

2.影响发病因素

（1）立地条件

经各地监测研究，山地果园、平原果园和涂地果园发病率差异不显著，但露地苗圃和防虫网隔离苗圃感染概率存在极显著差异，2004—2005年专门对病区12个露地苗圃进行PCR检测，检出苗圃阳性率53.8%，种苗阳性率16.7%，为高风险苗圃；2014—2015年对病区20余个大棚防虫网隔离育苗苗圃和种苗抽样检测，结果全为阴性，为安全苗圃。

（2）接穗条件

无病接穗是种苗无病繁育的根本前提。如果接穗感染阳性，则培育出来的种苗就会携菌发病。一要确保母本园（采穗圃）提供无病接穗，二要确保采集接穗安全。育苗“三圃”（接穗圃、砧木苗圃和品种苗圃）必须远离病区（一般5公里以上），采用防虫网等隔离设施封闭建圃繁育，对接穗圃采前应进行严格的PCR检测，检测安全后选择采集使用，确保无病接穗条件，确保砧木苗圃和品种苗圃种苗繁育安全。

（3）介体昆虫

苗地种苗感染与否在一定程度上与苗地介体昆虫柑橘木虱种群数量和携菌率高低相关。凡苗地存在柑橘木虱携菌阳性，种苗就易被感染产生阳性。加强苗地隔离设施封闭育苗，加强柑橘木虱防治，创造介体昆虫不易造成感染的环境。

（4）栽培管理

实施砧木培育、无病接穗、消菌嫁接、土壤和肥水全程精细管理，尤其网室防护，则苗圃难有病菌感染。而随意粗放、无防护培育，尤其是病区露地苗圃，则安全性差。

二、监测项目与方法

（一）苗圃种苗携菌情况监测

1. 监测区域

黄龙病发生区和未发生区。以县域为责任单位，发生区全域监测，未发生区为高风险区域和潜存风险区域重点监测。

2. 监测范围

柑橘品种母本园/采穗圃、砧木苗圃和品种苗圃（繁育场）。

3. 监测时间

母本园/采穗圃与砧木圃为每年的5—8月；品种苗圃田间调查为每年的5—11月（PCR检测为9—11月）。

4. 监测工具

剪刀、手套、鞋套、小镊子、自封口样品袋、信封、不干胶标签、挂牌、油性记号笔、样品保鲜箱、消毒液（酒精）、种苗生产繁育登记册、采样单、记录本等。

5. 监测方法

（1）种苗产繁登记造册

在砧木枳壳播种前或砧木嫁接前，对辖区所建繁的母本园/采穗圃、砧木苗圃和品种苗圃等逐一检查，以育苗主体（业主）为单位详细登记造册柑橘种苗生产繁育情况（表6-1）。

表6-1 柑橘种苗生产繁育情况登记

调查单位　　　　　　　　　　　　　　　　调查人　　　　年　月　日

序号	育苗主体	育苗地点	苗圃类型	品种	产繁情况		育材来源	防虫网	备注
					面积/hm^2	数量/万株			

注：苗圃类型分母本园/采穗圃、砧木苗圃、品种苗圃3类，分类统计；育材来源分砧木种子、砧木、接穗3类，分类填报。

(2)田间调查

一是田间定点调查:发生区一般选择具有代表性地段的品种苗圃(或苗场)5个,未发生区选择易传易感高风险区域苗圃5个,每个定点苗圃0.3～0.6hm^2,自砧木嫁接成活起芽见绿后开始,每30天调查1次,也可依生育期春梢、夏梢、秋梢调查3次,每次每圃采取5点取样,每样点随机调查10株,以新梢叶片有否出现黄化症状诊断(参见第一章第二节):若新梢叶片转绿后,从主、侧脉附近和叶片基部及边缘褪绿形成黄绿相间的斑驳状黄化,则诊断为病株,统计定点调查病株率。二是对应田间调查:凡确定进行抽样PCR专业携菌检测的苗园苗圃苗场,在采样送检前做1次田间诊断的病株率对应调查,调查点数和每点调查株数与PCR专业检测送检取样方法相同,发生区做同点同数调查记录,未发生区有选择地对易感易传高风险苗园苗圃苗场重点同数疑向调查记录,统计病株率,以便定向检验田间症状诊断准确率,以及为PCR检测阳性率校对建模。填写柑橘种苗苗圃黄龙病田间调查监测记录表(表6-2)。

表6-2　柑橘种苗苗圃黄龙病田间调查监测记录

调查单位　　　　　　　　　　　　　　　　　　　　　调查人

调查日期	调查地点	业主/苗圃/品种名称	生育期	田间苗圃调查					备注
				调查面积/hm^2	发生面积/hm^2	调查株数/株	发病株数/株	病株率/%	

注:疑似症状/危害状在备注栏说明。

(3)PCR检测取样

一是取样方法与数量:发生区苗圃全域采样,未发生区对易传易感疑向苗圃重点采样。采样以育苗主体为单位,对母本园/采穗圃、砧木苗圃和品种苗圃按类型确定抽样批次及其抽样数量,原则上依照《农业植物调运检疫规程》规定的苗木类按总样数100～10000株抽样6%～10%或总样数>10000株抽样3%～5%的标准进行。具体采样方法为母本树/采穗树按株采样,1样采1株,1株采5叶,即分东南西北中五方位采当年生春梢叶片各 1 叶。同一批次的品种苗圃或砧木苗圃，当每圃 1 万苗以内至少抽取 10 个样，每增 1 万苗加抽 3 个样，1 样采 5 株，1 株采 1 叶（送检专业检测机构无多株 1 样检测数量统计经验的，也可采用 1 样采 1 株，1 株采东西南北中五方位 5 叶），重点采疑似症状苗圃疑似植株的叶片；无症状苗圃则采用对角线法取样，每条对角线等距 5 株 1 样，每株采当年生春梢叶 1 叶，5 叶为 1 样（或直线跳跃式取样，1 样 1 株，1 株采五方位 5 叶）；枳壳砧木苗可采植株皮层（枳壳一般秋冬季落叶），1 株剪枝 1 段，5 段为 1 样。

二是抽检次数：具防虫网隔离设施的母本园/采穗圃每 2 年抽样检测 1 次，无隔离设施的母本园/采穗圃，以及所有砧木苗圃和品种苗圃等 1 年抽样检测 1 次。

三是样品编包与送检：采集的样品放入保鲜袋，1 样放 1 袋并贴上编过号的标签。同批次同批量样品组合包装大包，贴上样品名、样品批次、采样日期等。为保持样品叶片（样皮）新鲜度，可将样品放入保鲜箱暂存，快递至植物检疫部门指定的检测机构进行专业 PCR 检测。填写柑橘种苗携菌检测抽样批次与采样量表（表 6-3）。

表 6-3　柑橘种苗携菌检测抽样批次与采样量

单位　　　　　　　　　　　　　　　填表人　　　　　　年　月　日

类型	业主数量	苗圃/苗床数	产繁情况		苗圃砧木来源	接穗来源	防虫网	抽样批次数	采样量	采样时间	送样检测机构
			面积/hm^2	数量/万株							
母本园/采穗圃											
砧木苗圃											
品种苗圃											

（4）PCR 检测

PCR 检测是当前柑橘黄龙病最常用的一种实验检测方法，自 20 世纪 90 年代法国 Bove 研究小组利用 PCR 技术来检测柑橘黄龙病以来，人们不断改进和优化此项技术，目前 PCR 检测有常规 PCR、半巢式 PCR、巢式 PCR、免疫捕获 PCR、荧光定量 PCR、Long－PCR、LAMP、Cycleave ICAN 等一系列检测方法。黄龙病 PCR 检测技术，在检测过程中除个人操作技术外，也易受 DNA 模板浓度和纯度、试剂用量、引物特异性和灵敏度、反应条件、琼脂糖凝胶电泳和凝胶成像观察条件等多种因素影响。因此，黄龙病 PCR 检测一般需专业检测机构进行检测，在选择专业检测机构时应作资质和技术评估，以提高送样检测精度和效率。

（二）苗圃柑橘木虱及其带菌情况监测

1. 监测区域

黄龙病发生区和未发生区。

2. 监测范围

柑橘品种母本园/采穗圃、砧木苗圃和品种苗圃（繁育场）。

3. 监测时间

母本园/采穗圃、砧木圃、品种苗圃均为每年的 5—11 月。

4. 监测工具

放大镜、挂牌、记录本及植物检疫部门指定的黄色粘板等。

5. 监测方法

（1）种苗产繁登记造册

同种苗携菌情况监测。

（2）定点苗圃与监测方法

针对种苗产繁登记情况，依区域分布、地貌类型、业主作业、苗圃类别等，发生区选择具代表性的适宜柑橘木虱发生的苗圃 10～20 个，未发生区选择位于易传易感高风险区域且适宜柑橘木虱发生的苗圃 10～20 个，每个定点苗圃 0.3～0.6hm^2，每圃以梅花式确定柑橘苗小苗 50 株，每株小苗观察主梢（若为大苗定株 10 株，每株东南西北中五方位定梢，每方位定枝梢 2 根，每株 10 根挂牌观察），自 5 月上旬开始观察记载成虫、若虫数量和着卵情况，每隔 5～7 天观察调查 1 次，调查结果记入表 6-4。或采用黄色粘板诱测，每圃五点式悬挂黄色粘板，每点插杆挂 1 板，计 5 板/圃，悬挂高度与橘苗主梢生长相平，多年生苗圃可直接挂在主干嫩梢上，统一朝北向挂板，每 5～7 天调查和更换黄板 1 次，记录每板诱集成若虫数量。

表 6-4 柑橘木虱监测调查记录

监测单位 监测填报人

调查日期	调查地点	苗圃类型	发生情况				虫口数量人工调查					黄色粘板诱集				备注
			调查面积/hm²	发生面积/hm²	调查株数/株	有虫株数/株	成虫/头	若虫/头	卵量/粒	虫株率/%	株虫量/头	监测面积	布放板数	诱集虫量	单橛虫量	

(3)带菌检测取样方法与数量

对定点监测到柑橘木虱的苗圃，在种苗出圃前 30 天左右，采用捕虫网人工捕捉方法捕捉成虫或高龄若虫，有条件的地方也可采用吸虫器捕捉，每圃采集柑橘木虱有效成若虫量 30 头以上，然后直接浸入 70%酒精液内，快递至植物检疫部门指定机构检测。若定点苗圃全为 0 诱集，则可选择定点外有虫苗圃 3～5 圃采集虫样，取样方法和数量与定点苗圃相同(表 6-5)。

表 6-5 品种苗圃柑橘木虱带菌情况监测及带菌率抽样采虫数量

单位 填表人 年 月 日

采虫日期	业主/地点/品种苗圃	柑橘木虱发生情况			采集虫样数量/样(圃)	采虫数量/头	送样检测机构
		生育期	虫株率/%	株成若虫量/头			

(三)监测记录

详细记录、汇总监测情况及各监测点监测调查与取样送检结果，并将原始记录表连同照片、影像等其他资料妥善保管存档。

三、预测方法

(一)黄龙病感染趋势预测

种苗感染发病在很大程度上取决于接穗和苗圃介体柑橘木虱两者携菌率高低。通过监测两者或两者之一有无携菌以及感染显症潜伏期,结合相关影响因素调查分析,及时预测苗圃苗园感染发病趋势。

(二)品种苗圃感染发病建模预报

通过对各品种苗圃症状调查病株率与专业 PCR 检测的阳性率进行校对,凡是人为诊断准确率 80%以上的,即人为诊断和实验室检测两者符合率处于 80%以上精度的,则可将两者参数进行建模,然后利用春梢、夏梢和秋梢田间诊断调查的发病率关系,预测苗圃感染发病趋势。

四、预警技术

(一)品种苗圃种苗阳性预警

无论是发生区,还是未发生区,凡通过专业指定检测机构种苗 PCR 检测检出阳性的苗圃苗园,应及时对检出阳性地区发布预警,或公布苗地携菌检测情况。

(二)苗圃柑橘木虱带菌率预警

对未发生区,凡通过专业指定检测机构对苗地介体昆虫带菌率有所发现的苗圃苗园,应及时对检出介体昆虫带菌率苗地地区及其带菌率发布预警,或公布苗地介体昆虫带菌率检测情况;对发生区苗圃苗园柑橘木虱 PCR 检测检出带菌率,也应视带菌率高低,及时对高带菌率(>30%)地区发布预警,或公布苗地介体昆虫携菌检测情况。

第二节　介体昆虫柑橘木虱监测预警技术

一、预测依据

(一)种群消长

浙江柑橘木虱一年发生 5～7 代。柑橘木虱种群消长与柑橘抽梢时期密切相关，浙江柑橘一年主要抽梢 3 次，即春梢、夏梢、秋梢，期间还有春夏梢、夏秋梢，有的年份还有少量冬梢。春梢抽发于 2—4 月，夏梢抽发于 5—7 月，秋梢抽发于 8—9 月，春梢和秋梢抽发时期较整齐，夏梢一般抽发不整齐。夏羽成虫常在 5 月下旬、6 月下旬和 7 月下旬出现产卵盛期；8—9 月秋梢着卵盛期常为 8 月中旬至 9 月上旬。成若虫自 6 月下旬开始产生初次夏峰后，数量持续振荡上升，直至 8 月底出现最高峰；此后高位振荡较长时间，晚秋梢着卵高峰在 10 月中旬，致使秋羽成虫在 11 月中下旬成峰进入越冬期活动。

（二）影响因子

1. 栽培条件

浙江柑橘栽培常为山地栽培、平原栽培和海涂栽培等，橘、橙、柚、柑、杂等都为多年生果树，常呈区域种植分布，但总体 1—2 月为休眠生长期，3 月初至 4 月上旬为春梢萌动期，4 月中下旬至 5 月中旬为春梢展叶至开花期，5 月下旬至 6 月上中旬为落果期，6 月中下旬至 7 月中旬为果实生长期，7 月下旬至 8 月中旬为秋梢展叶至果实生长期，8 月下旬至 9 月下旬为果实膨大期，10 月为果实转色期，11—12 月为果实成熟采摘期，总体为较适合柑橘木虱种群繁衍环境。柑橘木虱危害柑橘嫩梢，以成虫、若虫吸食芽梢汁液，严重时引起新梢生长不良，畸形扭曲，甚至慢慢干枯萎缩。若虫排泄一种白色分泌物，黏附于叶上，招致煤污病发生。失管柑橘果园，柑橘木虱虫口密度高；而管理条件好，坚持正常管理和病虫防治的橘园柑橘木虱虫口密度低。

2. 气候条件

经观察研究，冬季气温在 6℃以下会引起滞育，1 月平均气温在 4.5℃以下时柑橘木虱不能成活。气温会影响柑橘木虱产卵期和产卵量，一般气温在 13℃以上柑橘木虱才开始产卵。春梢期（气温 16～18℃）产卵量占 30.48％，夏秋梢期（气温 25～30℃）产卵量占 41.35％，晚秋梢期（气温 13～15℃）产卵量占 28.17％。台风或暴雨冲刷能降低田间柑橘木虱虫口密度；夏季高温干旱，会影响成虫羽化，使种群数量下降。

3. 虫态历期

室内外饲养结果表明，柑橘木虱虫态历期与所处气温关系密切，在适生温度范围呈现以最适温度生长发育最快、历期最短的抛物线型曲线变化特征，冬季低温和夏季高温干旱能引起滞育，一般冬季低温滞育期可长达 163.8 天，夏季高温滞育期可长达 36.8 天，具体参见表 6-6。

表 6-6　柑橘木虱露地自然气候笼养的发育历期(乐清，2003—2004)

<table>
<tr><th>盆栽室外笼养观察时期</th><th>气温/℃</th><th>产卵前期/d</th><th>卵期/d</th><th>若虫期/d</th><th>世代历期/d</th></tr>
<tr><td>春季</td><td>16.0～18.0</td><td rowspan="9">8.5～17.6</td><td>9.0～11.0</td><td></td><td>67.0</td></tr>
<tr><td rowspan="3">7—8 月</td><td>24.0～29.8</td><td>3.0～4.0</td><td></td><td rowspan="3">20.0～22.0</td></tr>
<tr><td>28.0～29.0</td><td></td><td>13.3～17.4</td></tr>
<tr><td>28.0～28.0</td><td></td><td>10.0～14.0</td></tr>
<tr><td rowspan="3">秋季</td><td>24.0～24.0</td><td></td><td>14.8</td><td rowspan="4">21.9～56.3</td></tr>
<tr><td>21.0～21.0</td><td>5.0～6.0</td><td></td></tr>
<tr><td>17.5～19.8</td><td></td><td>22.4～26.7</td></tr>
<tr><td rowspan="2">11—12 月</td><td>13.0～15.0</td><td>12.0～13.0</td><td></td></tr>
<tr><td>11.5～17.1</td><td></td><td>33.0</td><td></td></tr>
<tr><td>越冬代</td><td></td><td colspan="3">越冬成虫无完全滞育～滞育</td><td>194.9</td></tr>
</table>

4. 天敌因子

柑橘木虱的天敌主要有啮小蜂、跳小蜂、瓢虫、草蛉、花蝽、蓟马、螳螂、食蚜蝇、螨类、蜘蛛和蚂蚁等，还有虫生菌如渐狭蜡蚧菌(*Lecanicillium attenuatum*)、刀孢蜡蚧菌(*Lecanicillium psalliotae*)、曲霉属菌(*Aspergillus westerdijkiae*)、淡紫紫孢菌(*Purpureocillium lilacinum*)、蜡蚧菌属和芽笋顶胞霉菌等，其中啮小蜂和跳小蜂寄生若虫，寄生率常达 30%～50%，对柑橘园柑橘木虱有良好的抑制作用和自然调节功效。姬小蜂、跳小蜂等寄生蜂和瓢虫、虫生菌对柑橘木虱发生危害都具有一定的自然抑制作用。

二、监测项目与方法

(一)虫口基数调查

1. 调查区域

黄龙病发生区和未发生区。

2. 调查时间

冬后基数调查时间为出现全年最低气温后15～30天,成虫开始频繁活动时调查1次。

3. 调查方法

选择当地生态环境有代表性的地段果园(各年调查应相对稳定),随机调查当地常规管理品种果园10个和失管果园若干个,每园随机调查10株,每株观察东、西、南、北、中5个方位,每方位调查枝梢2根,观察记载成虫(含若虫)数量情况,调查结果记入表6-7。

表6-7　柑橘园柑橘木虱发生情况调查记载

调查单位　　　　年份　　　　调查人

调查日期		观察地点	柑橘品种	观察株数/株	观察枝梢/根	有虫株数/株	有虫梢数/根	总成若虫量/头	株虫量/(头·株$^{-1}$)	梢虫量/(头·根$^{-1}$)	虫株率/%	备注
月	日											

(二)种群数量系统调查

1. 调查区域

黄龙病发生区和未发生区。

2. 调查时间

每年3—11月。

3. 调查方法

选择柑橘木虱发生危害的低龄柑橘园、村庄附近柑橘园、失管柑橘园,或柑橘木虱发生外围区的临界柑橘园3～5个定点定园定株系统观察，参照《农业有害生物测报技术手册》和考虑实际操作，每园以梅花式确定柑橘树10株，每株东南西北中五方位定梢，每方位定枝梢2根，每株10根(挂牌)，从3月1日开始观察记载成虫、若虫数量和着卵情况，每隔5～7天观察调查1次，调查结果记入表6-8。

表6-8　柑橘园柑橘木虱发生情况调查记载

调查单位　　　　年份　　　　调查人

调查日期		观察地点	果园类型与面积/hm²	品种与树龄	观察株数/株	有虫株数	观察枝梢/根	成虫数量/头	若虫数量/头	卵量/粒	株虫量/头	虫株率/%	备注
月	日												

(三)虫情普查

1. 普查区域

黄龙病发生区和未发生区。

2. 普查时间

全年成虫发生最高峰期，即7月下旬～9月的秋梢盛发期。

3. 普查重点

失管柑橘果园(丧失管理、杂草丛生、很少用药)；房前屋后零散橘树；村庄附近柑橘果园；常规管理代表性柑橘果园。

4. 普查柑橘种类

所有田间种植分布的柑橘属、金柑属、九里香属、吴茱萸属、枳属和黄皮属等芸香科植物。

5. 普查方法

以自然村为单元，普查发生面积和虫口密度，每园调查30～50株；若果园虫株率>30.0%，则每园采取对角线取样调查20～30株。统计柑橘木虱发生面积、各虫态数量、虫株率和株虫量(表6-9)。

表 6-9 柑橘木虱发生情况普查

调查单位　　　　　　　　　　　　　　　　　　　　　年份　　　　填表人

普查时间	普查地点	普查项目				各虫态数量			发生程度		
		调查面积/hm²	调查品种及树龄	调查株数/株	有虫株数/株	成虫/头	若虫/头	卵量/粒	发生面积/hm²	虫株率/%	株虫量/头

(四)栽培管理、天敌因子和气象条件记载

调查观察记载寄主植物、栽培品种和主要生育期,果园修剪、施肥和病虫害防治用药情况,观察果园天敌的种类与数量,记载气象条件情况等(表 6-10)。

表 6-10 柑橘栽培管理、天敌因子和气象条件情况记载

单位　　　　　　　　　　　　　　　　　　　　　　　　　　　　　年份

日期		观察地点	柑橘品种	主要生育期	栽培管理	病虫防治	果园周边环境	主要寄主植物	天敌种类与数量	天气情况	备注
月	日										

三、预测方法

(一)发生期预测

1. 有效积温预测法

柑橘木虱卵的发育起点温度和有效积温分别为 8.5℃和(80.74±10.76)d·℃,若虫的发育起点温度和有效积温分别为 15.6℃和(111.2±24.6)d·℃,成虫的发育起点温度和有效积温分别为♀10.89℃(♂10.87℃)和♀(539.3±46.3)d·℃[♂(620.5±51.5)d·℃]。其发生期预测式为 $N=K/(T-C)$,式中 N 为发育天数,K 为各虫态有效积温,T 为日平均温度,C 为发育起点温度。如某监测点调查 4 月中旬为第 1 代柑橘木虱产卵盛期,其平均温度 17.3℃,则测得 8～10 天后卵大量孵化,预测期与实际调查结果吻合;同样 6 月 7—8 日是第 2 代柑橘木虱

卵高峰，预测其21℃左右卵期5～7天，实际第2代若虫高峰为6月12—14日，推测时间与实际观察相符。

2. 虫态历期预测法

根据田间虫情定点系统调查，参考当时的气象预报和历年发生资料，分析发育进度，然后加相应虫态历期，推算下个虫态发生期。如当查到成虫高峰期，加成虫产卵前期，卵历期，1、2龄若虫期，即为2、3龄若虫高峰期。

3. 期距预测法

当代某虫期到下个世代某虫期所经历的天数为“期距”。根据当地积累或试验获得的资料，推算出世代或虫态间群体历期作为预测依据，参考生育期和气象预报等加以综合分析。在测得某虫态发生期后，加世代或虫态的期距，即可预测下个虫态的发生期。

4. 物候预测法

柑橘木虱传播黄龙病的传染关键期在种苗生长的春梢生长期、夏梢生长期和秋梢生长期。对于温州蜜柑等来说，常年春梢期为4月上中旬，夏梢期为7月中下旬，秋梢期为9月下旬和10月上旬，分别为越冬代或第1代、第2、3代、第5、6代发生期。一般随着苗圃嫩梢嫩叶生长，成虫种群迁入苗圃栖息繁衍。故“三梢期”为主要感染期。

（二）发生量预测

1. 有效基数推算预测法

运用调查的虫口基数（P_0）推算下个虫态或下个世代发生量（P），其推算公式为：$P = P_0 \times e \times [f/(f+m)] \times (1-M) \times q$。式中$f$为雌虫数；$m$为雄虫数；$f/(f+m)$为雌虫率；$e$为平均产卵量；$1-M$为存活率，可以是$(1-a)(1-b)(1-c)$，其中$a$、$b$、$c$分别表示不同虫态发育阶段的死亡率，$q$为柑橘木虱成虫迁出率。根据田间试验测定和往年同代发生参数，推算发生数量，预测发生程度。也可采用系统虫情监测数据，以时序虫口数量增长率或减退率，结合历年数据和农事情况，作出发生量预测。

2. 经验指标预测法

根据历史资料统计，找出与柑橘木虱的发生密切的相关因子，分析得出经验性指标，当某一因子或若干因子达到某一指标时，分析预测未来的发生趋势。

3. 相关回归预测法

柑橘木虱种群数量消长，与虫源基数、苗圃管理、气象等具有密切关系，在积累的历史资料中找到影响发生量的主导因子，通过相关显著性测定，建立回归预测式。也可建立当地冬后基数与春梢期发生量，或三梢期自然发生量相关性，建立回归预测式，综合分析进行预测。

（三）发生程度预报

1. 柑橘木虱发生程度预报

经多年发生统计应用，柑橘木虱发生程度分为轻发生、中发生和重发生，其划分原则以虫株率确定：轻发生虫株率在5%以下，中发生虫株率为5%～10%，重发生虫株率10%以上，且以果园虫株率＞1%计算发生面积。凡发生面积占监测面积20%以上时，实时监测到田间春梢期或夏梢期或秋梢期虫株率或预测虫株率处上述标准，即作出发生程度预报。也可利用田间定点系统虫情监测，在田间春梢期、夏梢期、秋梢期关键时期，结合栽培、气候、虫态历期和天敌等因子综合分析，综合作出发生程度预报。

2. 柑橘木虱时序种数量气象模型预测

柑橘木虱时序种群数量消长与气象要素（气温、雨量、日照）存在显著相关，且影响时差为30天左右。如对乐清果园柑橘木虱系统监测建立的当旬成虫数量（Y：头/旬·株）与其前第3旬气象3要素（气温$T_{(n-3)}$：℃、雨量$R_{(n-3)}$：mm和日照$S_{(n-3)}$：h）复合关系数学模型$Y=0.3853T_{(n-3)}+0.0818R_{(n-3)}+0.1465S_{(n-3)}-9.2056$（$df=33$，$R=0.6645^{**}$，$r_{0.01}=0.4421$），参见第三章第二节四（一）和四（二）。各地可根据本地虫情系统监测数据，筛选气象要素及时差，通过相关统计分析，建立时序成虫数量与其前时差气象要素关系、成虫数量与虫株率关系回归预测式，如此则可应用气象模型对未来时差介体昆虫发生程度作出预报。

第三节　柑橘园黄龙病监测预警技术

一、预测依据

(一)传病规律

柑橘黄龙病初次入侵来源主要为带菌种苗,带菌接穗、病树或带菌柑橘木虱。传入后,该病在柑橘园新梢抽发期通过介体柑橘木虱进行扩散,引起流行,即再侵入。果园远距离传播主要靠带菌苗木或接穗或病树的销售调运;果园近距离传播主要为病区自繁自育种苗携菌在新果园新植和老果园补植,或苗木经当地集市扩散,以及生活在果园的柑橘木虱通过其种群取食活动,以吸菌、获菌、带菌的携菌传染方式,以携菌率种群形成近距离取食传播或低海拔近距离迁飞传播。果园与果园之间、病树与健树之间主要靠带菌柑橘木虱传播蔓延,病原和柑橘木虱并存,是病害大面积暴发的基础。

(二)影响因子

1.病源

种苗(接穗)带病率、田间病株率、介体昆虫数量密度及其携菌率高低是发病流行的重要菌源条件。一般种苗存在携菌阳性率,或田间调查病株率较高,介体昆虫发生量大且携菌率高,则病害蔓延迅速,甚至暴发流行或毁园。

2.品种

当前温州蜜柑、椪柑、苍南四季柚、温州瓯柑、玉环柚、温岭高橙、黄岩本地早等主栽品种感病性强,发病严重,而抗病性较好的仅有砧木枳壳等少数实生苗,主要表现为带菌不显症,具耐病特性。

3.介体昆虫

果园发病流行与否在一定程度上取决于果园感染生育期介体昆虫种群数量和携菌率高低,目前田间柑橘木虱携菌率大多大于30%,高的超过70%,若果园环境有利种群繁衍或密度较大,则极易引发流行。

4. 育苗方式

高压苗和嫁接苗易感病，实生苗耐病。当前生产上主要为嫁接苗，近年PCR检测表明，露地砧木嫁接育苗自然随菌和介体昆虫传染阳性检出率较高，往往存在较大调运扩散风险，而推行严格网室砧木嫁接育苗，则检测不出阳性，具有良好的控制效果。

5. 树龄

幼树易感病，一般4～6年生树龄最易感病(如果种苗带病则在定植1～2年后就表现症状)；老龄树感染虽有所减弱，但也会易感病。

6. 纬度与海拔

高纬度和高海拔地区发病很少，即使发病后损失也较小，蔓延慢。

7. 栽培管理

肥水管理得好则不易发病。实践证明抓好栽培管理也是防治黄龙病的重要环节。排水不良降低根系生存能力，树势衰退，则易发病。干旱也会降低抗病性，而且有利于柑橘木虱种群繁殖，传播速度快。丰产后肥水管理跟不上，树体损耗大，则常会加速黄龙病流行。

二、监测项目与方法

(一)发病情况监测

1. 监测区域

黄龙病发生区和未发生区，以县域为责任单位，发生区重点为具代表性地段类型果园和发生边缘区果园，监测发生分布、发生动态和控扩趋势。未发生区重点监测易传易感的高风险区域，如：邻近发生区、从发生区调入种苗及产品的地区、引种种植区、潜存传入风险区，监测有否传入黄龙病。

2. 监测范围

各类新老柑橘种植园，重点为柑橘主产区发病果园和潜存发病风险果园。

3. 监测时间

春梢期、夏梢期和秋梢期叶片黄化显症监测；红鼻果显症期监测10—11月。

4. 监测工具

参照苗圃种苗携菌监测。

5. 监测方法

(1)未发生区

选择毗邻病区的临界果园、新建果园、柑橘木虱发生果园等高风险区域设置3～5个果园定点监测，每年于春季3—5月春查1～2次，秋季10—11月秋查1～2次，春查若发现春梢或叶片黄化症状疑似病株难以确诊，则采集疑似病株叶片，或采取抽样1株1样取样进行PCR检测确诊，其采样方法和取样数量参照苗圃种苗携菌抽样监测，送至指定专业检测机构实验检测。秋查即果实显症期调查，若发现“红鼻果”则可确诊为病株，若秋查无“红鼻果”而有疑似黄梢和黄化叶片症状难以确诊，则参照春查方法处理。此外，踏查勘查兼查发现可疑果园，调查采用5点取样法，每点随机调查10株，统计疑似发病株率，同时参照春查方法取样进行PCR检测确诊。

(2)发生区

选择具代表性监测果园5个，每个定点果园1～6hm^2，自春梢转绿后开始，每15～30天调查1次，整个生育期调查5～10次，每点查1hm^{2}果园，采取5点取样，每样点随机调查10株，利用病叶黄化症状和红鼻果症状进行现场病株诊断(参照第一章第二节)，统计病株率。对叶片黄化症状难以确诊，则采用抽样采样PCR实验检测确认，1株1样，具体方法参照苗圃种苗携菌抽样。

(3)监测记录

详细记录、汇总监测区定点调查数据。系统监测调查和取样送样检测情况记入柑橘黄龙病田间调查监测记录表(表6-11)。并将原始记录表连同照片、影像等其他资料妥善保存于县级植物检疫机构。

表 6-11　柑橘黄龙病田间调查记录

调查单位　　　　　　　　　　　　　　　　　　　　　　　调查人

调查日期	调查地点	果园、品种及树龄	生育期	种植情况		田间调查					抽样送检情况					备注
				面积/hm^2	种苗来源	调查面积/hm^2	调查数/株	发生面积/hm^2	发病数/株	病株率/%	抽样果园	抽样数/株	检测		阳性率/%	
													阴性	阳性		

注：疑似症状/危害状在备注栏说明。

（二）全域病情普查

1. 普查区域

黄龙病发生区和未发生区。

2. 普查范围

发生区为县域全境柑橘园，未发生区为毗邻病区的临界果园、新建果园、柑橘木虱发生果园、易传易染果园等高风险县域区域。

3. 普查时间

每年的 10—11 月“红鼻果”显症期。

4. 普查方法

坚持以乡镇为单位，采用“三集中”（集中时间、集中人力、集中行动）、“五统一”（统一部署、统一方案、统一内容、统一时间、统一方法）和“五不漏”（镇不漏村、村不漏片、片不漏园、园不漏块、块不漏株）形式，对辖区所有柑橘园（老病区、新病区和病情再度入侵区的每个果园以及房前屋后零星橘树），采取逐园逐株排查方式进行全面系统的全境式详查，查定病株做好病株标记，并建立普查记录台账（表 6-12）。

若黄龙病未发生区普查，发现有疑似果园或疑似病树，应进一步取样实验检测确诊。其抽样方法、数量和送检机构参照黄龙病发病情况检测方法或苗圃种苗携菌抽样检测方法。

表 6-12　柑桔黄龙病发生情况普查

<table>
<tr><th rowspan="3">乡镇名</th><th rowspan="3">种植面积/hm²</th><th rowspan="3">普查面积/hm²</th><th rowspan="3">普查率/%</th><th colspan="11">黄龙病发生情况</th><th colspan="7">柑桔木虱发生情况</th></tr>
<tr><th rowspan="2">总发生面积/hm²</th><th rowspan="2">轻发生面积/hm²</th><th rowspan="2">中发生面积/hm²</th><th rowspan="2">重发生面积/hm²</th><th colspan="3">发病数量</th><th rowspan="2">全乡病株率/%</th><th rowspan="2">轻发生病株率/%</th><th rowspan="2">中发生病株率/%</th><th rowspan="2">重发生病株率/%</th><th rowspan="2">总发生面积/hm²</th><th rowspan="2">轻发生面积/hm²</th><th rowspan="2">中发生面积/hm²</th><th rowspan="2">重发生面积/hm²</th><th colspan="3">发生密度</th></tr>
<tr><th>种植村数/个</th><th>发病村数/个</th><th>全乡总病株数/株</th><th>虫株数/株</th><th>生育期与株虫量/头</th><th>总虫株率/%</th></tr>
<tr><td></td><td></td><td></td><td></td><td></td><td></td><td></td><td></td><td></td><td></td><td></td><td></td><td></td><td></td><td></td><td></td><td></td><td></td><td></td><td></td><td></td><td></td></tr>
<tr><td></td><td></td><td></td><td></td><td></td><td></td><td></td><td></td><td></td><td></td><td></td><td></td><td></td><td></td><td></td><td></td><td></td><td></td><td></td><td></td><td></td><td></td></tr>
<tr><td></td><td></td><td></td><td></td><td></td><td></td><td></td><td></td><td></td><td></td><td></td><td></td><td></td><td></td><td></td><td></td><td></td><td></td><td></td><td></td><td></td><td></td></tr>
</table>

注:农作物病虫害发生面积是指达到防治标准的面积;尚未确定防治指标的病虫害按应治面积计算,柑桔黄龙病为检疫性病害,柑桔木虱尚未确定防治指标,其发生面积统计以应治面积统计。黄龙病发生程度以病株率划分,1%以下为轻发生,1~10%为中发生,10%以上为重发生;柑桔木虱发生程度以虫株率划分,5%以下为轻发生,5~10%为中发生,10%以上为重发生。

三、预测方法

（一）介体虫口基数有效推算预测

根据田间介体昆虫基数调查，结合繁育参数和传染系数（携菌个体传病数），进行有效基数推算预测。

1. 介体昆虫有效数量推算

如越冬代冬前11月上旬调查单位面积成虫数量×当地常年调查越冬成活率（12.9%～45.6%）×Ⅰ代雌性率（♀：♂＝1：0.84→1/1.84≈0.54）×Ⅰ代产卵量（均值206.3粒）×自然孵化率（一般95%左右）×若虫成活率（一般20%左右）→（越冬期190天左右）→预测5月中下旬（夏梢期）单位面积成若虫量。

2. 种群带菌率检测和估测

及时采集果园柑橘木虱进行PCR测定带菌率，或采用秋冬普查果园病株率，利用病株率与带菌率关系模型估测带菌率。

3. 介体昆虫传病系数测定

采用网罩测定介体昆虫平均单虫传染病株能力及其感染系数。据分析估测每1头携菌虫可传染5株上下（一般成虫寿命45天左右，单体带菌成虫取食8小时成功传病率粗略估计在22%左右）。

通过上述单位面积有效虫数（头）×估测带菌率（%）×传病系数（取试验测定系数或粗略取值5），则可预测夏梢期单位面积可感染病株数或可能感染病株率%。

（二）病株病源预测法

病株是黄龙病发病流行的重要病源之一，病株多寡是衡量县域黄龙病病源和扩散流行程度的重要内因动力，也是预测次年发病流行与否的重要因素。从县域角度来看，当年秋冬季全境式普查病株数对次年发生面积存在极显著关系，如台州运用辖区9个县（市、区）2002—2015年黄龙病秋季红鼻果显症期普查病树数（M：万株）与次年发生面积（S：hm^2）统计回归建立的预测模型为：$S=48.745M+223.32$（$n=114$，$r=0.7632^{**}$，$r_{0.01}=0.2393$），参见第四章第五节。从县域来看，病株普查清楚，就能准确预测发生趋势。

(三)总体趋势分析预测法

根据柑橘木虱越冬后虫口基数及果园春梢期虫口密度，结合气象预报和带菌率估测进行分析，凡越冬后柑橘木虱虫口基数大，春梢期虫口密度高，气温、雨量和日照协同数值增速快，尤其气温上升较往年明显，预测果园柑橘木虱虫口数量大，若估测带菌率较高，则预测春梢感染概率较高；同理，春梢期、夏梢期虫口基数大，气候条件又有利种群加速发展，所以夏梢期、秋梢期感染或发病趋势严重。

(四)相关回归预测法

在柑橘品种大多为易感病种情况下，黄龙病发生流行关键在于菌源、介体和气候条件三者的相互作用，其综合表现形式为柑橘木虱种群数量及其带菌率。各地可根据柑橘三梢期柑橘木虱种群数量及其带菌率与黄龙病发病率关系，或前后发梢期发病率关系，通过相关统计分析，建立回归预测式，如全省 2003－2004 年建立的带菌率 d(%)与病株率 k(%)相关预测式 $d=0.4658k+6.5261$($n=28$，$r=0.7101^{**}$)，通过介体带菌率估测及种群数量监测或预测，即可进行发病趋势预测。此外，黄龙病发生程度与果园黄龙病病株率、柑橘木虱虫株率内在存在关联，可建立黄龙病发生程度预报模型(参见第三章第三节)。总之，运用多种预测模型预测的同时，综合实测情况、影响因子和生产实际进行分析，综合作出发生程度预报。

四、预警技术

通过多种途径和多种方法，预测发生区黄龙病发生趋势有中等偏重或重发趋势，或果园抽样经专职检测机构 PCR 检测，黄龙病未发生区检出阳性或发生区潜存偏重发生趋势，应及时发布预警。

第四节　柑橘黄龙病空间分布格局及其参数特征

一、柑橘黄龙病空间分布型

根据 2002—2015 年对台州具天然屏障的温州蜜柑自然感染果园黄

龙病自然发病情况及病株病级全园逐株系统调查试验，果园面积 0.15hm^2，橘树 135 株（发病后有的病株病级发展到 9 级枯死即为自然减株），从 2002 年初始发病开始，每年在 11 月上旬果实“红鼻果”显症期逐株调查病级，并按编号逐株记载病级。为了较好地测定黄龙病空间分布格局参数，以选取试验果园病株率 65%之前连续 9 年（2002—2010 年）的每年病树病级系统调查数据作为空间分布测定数据。

计算：

黄龙病病树病级均值（$\bar{x}$）＝∑（各病级株数×各病级代表值）/调查总株数；

病情指数（H）＝∑（各病级株数×各病级代表值）/（调查总株数×最高病级代表值）×100；

由于试验果园每年病树病级调查总株数与其病情指数调查总株数相等，黄龙病病树病级均值（$\bar{x}$）＝∑（各病级株数×各病级代表值）/调查总株数，转换∑（各病级株数×各病级代表值）＝黄龙病病树病级均值（$\bar{x}$）×调查总株数，所以病情指数（H）＝∑（各级病株数×各级代表值）/（调查总株数×最高级代表值）×100＝黄龙病病树病级均值（$\bar{x}$）×调查总株数/（调查总株数×最高病级代表值）×100，由于病树最高病级为 9 级，则 $H=(\bar{x}/9)\times 100=11.11\bar{x}$。

（一）病树病级密度频次分布

将 2002—2010 年自然感病的温州蜜柑果园系统调查取得的 9 组黄龙病病树病级调查数据进行病情和病级频次分析，2002 年初始发病的病株率为 1.48%，病情指数为 0.33；然后病情逐年上升，到 2010 年病株率积累到 64.84%，病情指数上升到 33.77（表 6-13），表明柑橘黄龙病病株病级在不同年度分布差异显著，符合分布型测定要求，并呈二项分布特征。黄龙病病情（指发病率和病情指数）在一定时空范围内随病树病级升级发展而上升，病级与病情关联度高，通过试验果园系统调查数据，利用最小二乘法，将各年度病树病级均值（$\bar{x}$）与其病株率 Q（%）进行线性回归，建立关系式 $\bar{x}=0.0469Q-0.1706$（$r=0.9926^{**}$），相关程度达极显著水平。

表 6-13　柑橘黄龙病病树病级发生情况及其病级分布频次

年度	调查株数	发病树数	果园病树病级发生频次株数						病株率/%	病情指数	病树病级均值$\bar{x}$
			0	1	3	5	7	9			
2002	135	2	133	1	1	0	0	0	1.48	0.33	0.0296
2003	135	6	129	4	1	1	0	0	4.44	0.99	0.0889
2004	135	11	124	7	2	1	1	0	8.15	2.06	0.1852
2005	135	24	111	5	11	7	1	0	17.78	6.58	0.5926
2006	135	39	96	14	6	8	7	4	28.89	12.92	1.1630
2007	131	52	79	17	10	9	14	2	39.69	17.64	1.5878
2008	129	62	67	21	12	13	15	1	48.06	20.33	1.8295
2009	128	72	56	15	11	19	27	0	56.25	28.82	2.5938
2010	128	83	45	21	16	15	17	14	64.84	33.77	3.0391

(二)聚集度指标测定

应用 Beall 扩散系数 C、David 和 Moore 丛生指数 I、Water's 负二项分布参数 K、Cassie 指标 C_A、Lioyd 聚块性指标 $M^*/\bar{x}$ 等聚集度指标分析测定结果,被测果园自然感病后连续 9 年每年病树病级均达到 $C>1$、$I>0$、$K>0$、$C_A>0$、$M^*/m>1$,即 9 块样地黄龙病空间分布均为聚集分布格局(表 6-14)。这表明温州蜜柑果园黄龙病空间分布型为聚集分布格局,其聚集强度随果园发病时序推进、病情渐趋扩散而增强,总体随病级增加而增强。

表 6-14　柑橘黄龙病病树病级聚集度指标测定

样地序号	样本数 N	平均数$\bar{x}$	方差 V	扩散系数 C	丛生指数 I	K 指标	C_A 指标	拥挤度 M^*	$M^*/\bar{x}$ 指标	分布格局
2002	135	0.0296	0.0732	2.4704	1.4704	0.0202	49.6250	1.5000	50.6250	聚焦
2003	135	0.0889	0.2736	3.0778	2.0778	0.0428	23.3750	2.1667	24.3750	聚焦
2004	135	0.1852	0.6990	3.7748	2.7748	0.0667	14.9840	2.9600	15.9840	聚焦
2005	135	0.5926	2.0785	3.5074	2.5074	0.2363	4.2312	3.1000	5.2312	聚集
2006	135	1.1630	5.5734	4.7925	3.7925	0.3067	3.2610	4.9554	4.2610	聚集

续 表

样地序号	样本数 N	平均数 $\bar{x}$	方差 V	扩散系数 C	丛生指数 I	K 指标	C_A 指标	拥挤度 M^*	$M^*/\bar{x}$ 指标	分布格局
2007	131	1.5878	6.4866	4.0853	3.0853	0.5146	1.9431	4.6731	2.9431	聚焦
2008	129	1.8295	6.4980	3.5519	2.5519	0.7169	1.3949	4.3814	2.3949	聚集
2009	128	2.5938	8.2100	3.1653	2.1653	1.1979	0.8348	4.7590	1.8348	聚集
2010	128	3.0391	10.3500	3.4057	2.4057	1.2633	0.7916	5.4447	1.7916	聚集

（三）Iwao 法检验

运用 Iwao 于 1977 年提出的 $M^* \sim \bar{x}$ 回归分析法检验，柑橘黄龙病病株空间分布结构的相关回归方程式为：$M^* = 1.0964\bar{x} + 2.4178$（$r = 0.8831^{**}$），得 $\alpha = 2.4178$，即 $\alpha > 0$，表明黄龙病病株在果园分布的基本成分是个体群，病株个体间相互吸引，病株在果园中存在明显的发病中心；且 $\beta = 1.0964$，即 $\beta > 1$，表明病株个体群在果园中呈聚集分布格局，即分布的基本成分个体群之间趋于聚集分布特征，个体群内个体与核心分布相吻合。

（四）Taylor 法检验

运用 Taylor 于 1965 年提出的幂法则，拟合方差（V）与平均数（m）的幂相关回归方程式，其结果分别为：$V = 3.6069\bar{x}^{1.0646}$（$r = 0.9868^{**}$）。由于 $a = 3.6069$，$b = 1.0646$，即 $b > 1$，进一步表明黄龙病病株在果园分布格局呈现聚集分布特征。这与聚集度指标法分析结果相一致。

二、柑橘黄龙病聚集分布原因分析

应用 Blackith 于 1961 年提出的种群聚集均数（λ）检验聚集的原因，其公式为 $\lambda = \bar{x}/(2k) \times r$，其中 k 为负二项分布的指数 k 值，r 为 $2k$ 自由度当 $\alpha = 0.05$ 时的 χ^2 分布的函数值。将聚焦度指标法测定的病树病级平均密度（$\bar{x}$）与聚集均数（λ）进行相关分析（表 6-15），得：$\lambda = 7.8256\bar{x} - 1.6187$（$r = 0.9808^{**}$）。由此可知，当果园病树病级平均密度 $\bar{x} < 0.4624$，即病株率 $< 13.5\%$（病情指数 < 5.14）时，$\lambda < 2$，其病株聚集原因是某些环境条件如气候、栽培、植株生育状况等等，当果园病树病级平均密度 $\bar{x} \geqslant 0.4624$，即病株率 $Q \geqslant 13.5\%$（或病情指数 $H \geqslant 5.14$）时，$\lambda \geqslant 2$，其病株聚集原因是病害本身的聚集行为与环境条件综合影响。综观当前

黄龙病发病流行逐年加重趋势，主要原因在于感病品种种植面积大，病株病源扩散广，介体昆虫种群数量多、带菌率高、传染概率上升，以及气候条件如冬季气温不断上升等等。

表 6-15　温州蜜柑果园柑橘黄龙病病株聚集均数

年度	$\bar{x}$	$2k$	$r(\chi^2)$	λ
2002	0.0296	0.0404	0.1548	0.1137
2003	0.0889	0.0856	0.3286	0.3414
2004	0.1852	0.1334	0.5125	0.7112
2005	0.5926	0.4726	1.8151	2.2756
2006	1.163	0.6134	2.3551	4.4659
2007	1.5878	1.0292	6.1653	9.5109
2008	1.8295	1.4338	8.5885	10.9587
2009	2.5938	2.3958	18.7109	20.2576
2010	3.0391	2.5266	19.7326	23.7354

三、柑橘黄龙病抽样技术

(一)最适抽样模型

根据 Iwao 的最适抽样模型 $N=(t^2/D^2)\times[(\alpha+1)/\bar{x}+(\beta-1)]$，$t$ 为保证概率(实际调查中取 $t=1$)，允许误差 $D_1=0.25$，$D_2=0.30$，$\alpha=2.4178$，$\beta=1.0964$，建立理论抽样数模型 $N=(1/D^2)\times[3.4178/\bar{x}+0.0964]$，即得到最适抽样模型：$N_1=85.445/\bar{x}+2.41$；$N_2=37.9756/\bar{x}+1.0711$。应用这些理论抽样数模型，从而计算出黄龙病不同发病率下应抽取的最适抽样数(图 6-1)。当果园病株率为 5%(病株病级密度$\bar{x}=0.0639$ 级)时，所需允许误差 $D=0.25$ 的抽样数 857 株或允许误差 $D=0.30$ 的抽样数 595 株；当果园病株率为 10%(病株病级密度$\bar{x}=0.2984$ 级)时，所需抽样数 $D=0.25$ 为 289 株或 $D=0.30$ 为 128 株；当果园病株率 20%(病株病级密度$\bar{x}=0.7674$ 级)时，所需抽样数 $D=0.25$ 为 114 株或 $D=0.30$ 为 51 株；当果园病株率 30%～50%(病株病级密度$\bar{x}=1.2364$～2.1744级)时，所需抽样数 $D=0.25$ 为 42～72

株或 $D=0.30$ 为 19～32 株。随着发病率的增加，所需抽样数递减。一般按“红鼻果”病株率 10%左右取样调查 150 株，病株率 20%左右取样调查 50 株，病株率 30%以上取样调查 30 株。

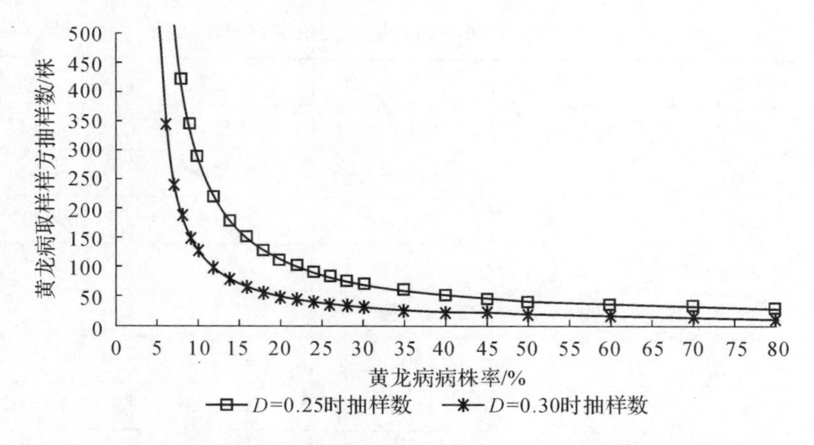

图 6-1　柑橘黄龙病不同发病率下所需最适抽样数

（二）序贯抽样技术

根据 Kuno 于 1968 年提出的新序贯抽样理论，运用 $\alpha=2.4178$，$\beta=1.0964$，建立序贯抽样模型为 $T_n=3.4178/[D_0^2-0.0964/n]$，一般取 $D_0=0.20, 0.25$；当 n 分别为 10，20，…，100 时，即得柑橘黄龙病序贯抽样表（表 6-16）。在田间调查时可应用序贯抽样表进行序贯抽样，当调查的累计病级数达到预定精密指标下的病级指标时停止调查，累计病级数除以取样数，即为平均密度。

表 6-16　柑橘黄龙病序贯抽样

抽取样本数量 n	已抽取的累计病级量		抽取样本数量 n	已抽取的累计病级量	
	$D_0=0.25$	$D_0=0.30$		$D_0=0.25$	$D_0=0.30$
10	65	43	60	56	39
20	59	40	70	56	39
30	58	39	80	56	38
40	57	39	90	56	38
50	56	39	100	56	38

第五节　介体昆虫柑橘木虱空间分布格局及其参数特征

一、柑橘木虱成虫空间分布型

2009年对台州柑橘主产区温州蜜柑生产基地11个果园秋梢柑橘木虱成虫发生分布进行调查，采取1个果园为1样地，1株为1个样本，每株按东、南、西、北4方位每方位调查1根枝梢（枝梢长约30cm），即4梢成虫数量为“株虫量”，每样地直线取样100株并逐株记载成虫数量密度。

（一）成虫密度频次分布

对11个果园样地柑橘木虱成虫数量调查取得的虫口密度（“株虫量”＝4枝梢虫量，下同）数据作频次分布分析（表6-17），结果表明不同样地成虫虫口密度差异较大，其平均株虫量自低到高分别为0.23头、0.51头、0.53头、0.86头、1.03头、1.05头、1.48头、1.64头、2.02头、2.45头和3.01头，符合空间分布测定要求，并呈二项分布特征。

表 6-17 柑桔园柑桔木虱成虫密度频次分布

样地序号	调查树数	柑桔木虱成虫株虫量频次分布/(头·株$^{-1}$)																						有虫株率/%	株虫量均值$\bar{x}$
		0	1	2	3	4	5	6	7	8	9	10	11	12	13	14	15	16	18	19	20	25	30		
1	100	57	19	8	7	1	4	3	1	0	0	0	0	0	0	0	0	0	0	0	0	0	0	43	1.05
2	100	71	16	6	5	2	0	0	0	0	0	0	0	0	0	0	0	0	0	0	0	0	0	29	0.51
3	100	36	22	15	8	5	3	1	4	3	0	0	0	0	0	0	1	1	1	0	0	0	0	64	2.02
4	100	20	24	17	6	10	4	6	1	2	0	3	1	2	1	2	0	0	0	0	0	0	0	80	3.01
5	100	43	16	21	10	4	2	1	0	0	2	1	0	0	0	0	0	0	0	0	0	0	0	57	1.48
6	100	56	17	18	6	2	0	0	1	0	0	0	0	0	0	0	0	0	0	0	0	0	0	44	0.86
7	100	63	26	8	1	2	0	0	0	0	0	0	0	0	0	0	0	0	0	0	0	0	0	37	0.53
8	100	42	22	13	6	5	4	3	1	3	1	0	0	0	0	0	0	0	0	0	0	0	0	58	1.64
9	100	86	9	3	0	2	0	0	0	0	0	0	0	0	0	0	0	0	0	0	0	0	0	14	0.23
10	100	56	19	13	5	2	1	0	2	2	0	0	0	0	0	0	0	0	0	0	0	0	0	44	1.03
11	100	47	13	12	9	5	1	0	3	—	3	0	0	0	0	1	0	2	0	1	1	1	1	53	2.45

(二)聚集度指标法测定

聚集度指标测定结果(表 6-18)显示,被测果园柑橘木虱成虫密度均达 $C>1$、$I>0$、$K>0$、$CA>0$、$M^*/\bar{x}>1$,符合聚集分布检验标准,表明柑橘园柑橘木虱为聚集分布格局,其聚集强度随虫口密度上升而增强。

表 6-18　柑橘园柑橘木虱成虫分布的聚集度指标测定结果

样地序号	样本数 N	平均数 $\bar{x}$	方差 V	扩散系数 C	丛生指数 I	K 指标	C_A 指标	拥挤度 M^*	$M^*/\bar{x}$ 指标	分布格局
1	100	1.0500	2.7675	2.6357	1.6357	0.6419	1.5578	2.6857	2.5578	聚集
2	100	0.5100	0.9099	1.7841	0.7841	0.6504	1.5375	1.2941	2.5375	聚集
3	100	2.1800	10.6276	4.8750	3.8750	0.5626	1.7775	6.0550	2.7775	聚集
4	100	3.2000	14.0600	4.3938	3.3938	0.9429	1.0605	6.5938	2.0605	聚集
5	100	1.4800	3.8296	2.5876	1.5876	0.9322	1.0727	3.0676	2.0727	聚集
6	100	0.8600	1.5004	1.7447	0.7447	1.1549	0.8659	1.6047	1.8659	聚集
7	100	0.5300	0.7091	1.3379	0.3379	1.5684	0.6376	0.8679	1.6376	聚集
8	100	1.6400	4.6904	2.8600	1.8600	0.8817	1.1341	3.5000	2.1341	聚集
9	100	0.2300	0.4771	2.0743	1.0743	0.2141	4.6711	1.3043	5.6711	聚集
10	100	1.0300	2.9291	2.8438	1.8438	0.5586	1.7901	2.8738	2.7901	聚集
11	100	2.7700	28.6371	10.3383	9.3383	0.2966	3.3712	12.1083	4.3712	聚集

(三)Iwao 法检验

运用 Iwao 于 1977 年提出的 $M^* \sim \bar{x}$ 回归分析法检验,柑橘园柑橘木虱成虫种群分布结构的相关回归方程式为:$M^*=2.9875\bar{x}-0.3902$ ($r=0.8645^{**}$),得 $\alpha=-0.3902$,即 $\alpha<0$,表明柑橘园柑橘木虱成虫分布的基本成分是分散的个体,而非个体群;而 $\beta=2.9875$,即 $\beta>1$,表明柑橘园柑橘木虱成虫空间分布格局呈聚集分布特征。

(四)Taylor 法检验

利用 Taylor 于 1965 年的幂法则,拟合方差(V)与平均数($\bar{x}$)的幂相关回归方程式,其结果分别为:$V=2.7228\bar{x}^{1.5554}$($r=0.9595^{**}$),由于 $a=2.7228$,$b=1.5554$,即 $b>1$,进一步表明柑橘园柑橘木虱成虫空间分布格局呈聚集分布特征,且聚集强度随种群密度升高而增强。这与聚集度指标法测定结果相一致。

二、柑橘木虱聚集分布原因分析

应用 Blackith 于 1961 年的种群聚集均数(λ)检验聚集的原因,其公式为 $\lambda = m/2k \times r$,其中 k 为负二项分布的指数 k 值,r 为 $2k$ 自由度当 $\alpha=0.05$时的 χ^2分布的函数值。将各样地样方成虫虫口平均数($\bar{x}$)与聚集均数(λ)进行相关回归(表 6-19),得:$\lambda = 4.9772\bar{x} - 0.0058$($r = 0.9266^{**}$)。由此可知,当样方平均虫口密度在 0.4030 以下时,$\lambda < 2$,聚集是由某些环境如气候、栽培条件、植株生育状况等等所引起的;当样方平均虫口密度在 0.4030 以上时,$\lambda \geqslant 2$,其聚集是害虫本身的聚集行为与环境条件综合影响的结果。

表 6-19　温州蜜柑果园柑橘木虱成虫聚集均数

果园序号	$\bar{x}$	$2k$	$r(\chi^2)$	λ
1	1.05	1.2838	4.9300	4.0320
2	0.51	1.3008	4.9952	1.9584
3	2.18	1.1251	4.3206	8.3712
4	3.20	1.8858	11.2961	19.1680
5	1.48	1.8645	11.1683	8.8652
6	0.86	2.3098	13.8357	5.1514
7	0.53	3.1368	24.4984	4.1393
8	1.64	1.7634	10.5630	9.8236
9	0.23	0.4282	1.6442	0.8832
10	1.03	1.1173	4.2903	3.9552
11	2.77	0.5933	2.2781	10.6368

三、柑橘木虱抽样技术

(一)最适抽样数模型及理论抽样数确定

根据 Iwao 于 1977 年提出的理论抽样数公式:$N = (t^2/D^2) \times [(\alpha+1)/\bar{x} + (\beta-1)]$,$t$ 为保证概率(实际调查中取 $t=1$),则理论抽样

数模型为 $N=(1/D^2)\times[0.6098/\bar{x}+1.9875]$，当允许误差 $D=0.2$ 或 $D=0.3$ 时，即得最适抽样模型：$N_1=15.245/\bar{x}+49.6875$；$N_2=6.7756/\bar{x}+22.0833$；应用这些理论抽样数模型，计算出不同成虫数量密度条件下应抽取的最适抽样数(图 6-2)。当柑橘园成虫密度为 5 头/百株时，需允许误差 $D=0.20$ 的抽样 355 株或允许误差 $D=0.30$ 的抽样数 158 株；当柑橘园成虫密度为 10 头/百株时，需允许误差 $D=0.20$ 的抽样数 202 株或允许误差 $D=0.30$ 的抽样数 90 株；当柑橘园成虫密度为 20 头/百株时，需允许误差 $D=0.20$ 的抽样数 126 株或允许误差 $D=0.30$ 的抽样数 56 株；当柑橘园成虫密度为 30 头/百株时，需允许误差 $D=0.20$ 的抽样数 101 株或允许误差 $D=0.30$ 的抽样数 45 株；当柑橘园成虫密度为 50 头/百株时，所需允许误差 $D=0.20$ 的抽样数 80 株或允许误差 $D=0.30$ 的抽样 36 株；当柑橘园成虫密度为 100～150 头/百株时，需允许误差 $D=0.20$ 的抽样数 60～65 株或允许误差 $D=0.30$ 的抽样数 27～29 株。

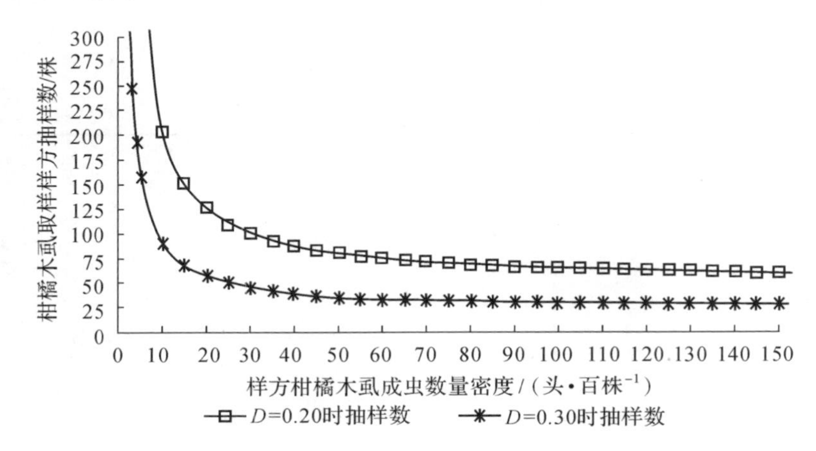

图 6-2 柑橘园柑橘木虱成虫密度在不同虫株率下所需最适抽样数

(二)序贯抽样技术

根据 Kuno 于 1968 年提出的新序贯抽样理论，即 $M^*-\bar{x}$ 间存在线性回归关系的昆虫种群可利用新的序贯抽样法进行田间抽样. 其抽样通式为：$T_n=(\alpha+1)/[D_0^2-(\beta-1)/n]$，式中 α，β 分别为昆虫种群的 $M^*\sim\bar{x}$ 线性回归方程中的截距和斜率，即 $\alpha=-0.3902$，$\beta=2.9875$；n 为抽取样本的数量；T_n 为已抽取的累计虫量；D_0 为精密指标。故序贯抽样模型为 $T_n=0.6098/[D_0^2-1.9875/n]$，一般取 $D_0=0.25,0.30$；当 n 分别为 23，33，43，…，93 时，即得柑橘木虱序贯抽样表（表 6-20）。在田间调查时可应用序贯抽样表进行序贯抽样，当调查的累计虫量达到预定精密指标下的虫量指标时停止调查，累计虫量除以取样数，即为平均密度。

表 6-20　柑橘木虱序贯抽样

抽取样本数量 n	已抽取的累计虫口数量 T_n	
	$D_0=0.25$	$D_0=0.30$
23	—	170
33	268	20
43	37	14
53	24	12
63	20	10
73	17	10
83	16	9
93	15	9

第七章　柑橘黄龙病“三防五关”防控技术及其推广实施

第一节　基本含义及分区施策

一、“三防五关”含义

针对柑橘黄龙病发生和流行特点，运用多年防控成果，在积极主动执行柑橘黄龙病“挖治管并重，综合防治”方针的基础上，进一步健全节点防控和复合防控实施，集成了一套以阻断、阻截病源入侵扩散检疫为中心，以控制柑橘木虱介体传染为主线，以监测普查和健身栽培为保障的“三防五关”防控技术。

“三防”就是春防、夏防和秋冬防。春防突出抓春季种苗检疫、田间清园和春梢期柑橘木虱防治，严格限制发展高接换种，严格控制从病区采入接穗进行嫁接推广；夏防突出夏梢期柑橘木虱防治和果园健身栽培管理；秋冬防突出秋梢期柑橘木虱防治和病树普查及其挖除，全面控制病情传播扩散。

“五关”就是病源清除关、种苗检疫关、监测普查关、治虫防病关、健身栽培关。病源清除关就是在病虫监测普查基础上，坚持秋冬季果实显症期全境式普查，采取边普查边挖除病树和统一限期挖除病树相结合，做到发现一株挖除一株，彻底挖除病树；坚持凡监测预警发现阳性苗圃的，要及时清除或销毁阳性苗圃染病种苗，以最大努力阻断或控制病源。种苗检疫关就是种苗生产繁殖检疫，坚持种苗产地 PCR 检疫，严禁阳性种苗入市销售，提倡果园检测无病种苗，种植或补植；严格种苗调运检疫，禁止橘农擅自向病区调运柑橘苗木或接穗；加强柑橘苗木市场的检疫执法管治，防范携菌种苗入侵或扩散危害。治虫防病关就是对介体昆虫柑橘木虱进行种群动态监测，对春梢期、夏梢期、秋梢期和秋冬梢期发生趋势进行预报，结合柑橘病虫防治和果园田间管理对柑橘木虱进行主治或兼治，加大统防统治和群防群治力度，全面提高治虫防病效果，将虫口数量压到不足以传病水平。监测普查关就是对黄龙病和介体昆虫监测和全面普查，开展黄龙病和介体昆虫系统监测，按照监测方法（参照第六章）做好定点系统监测，及时掌握种群变化动态，及时发布种群监测预报或预警；在果实显症期（10—11 月），坚持“三集中、五统一、五不漏”（参照第六章第三节）做好全境式普查，全面明确发生分布情况，为弄清病情和病株挖除提供科学依据。提倡普查与挖除病株同时进行，减少漏查率，确保普查质量。健身栽培关就是坚持施肥与病虫防治、控梢与田间管理相结合的健康栽培技术推广，突出三梢期果园管理，做好春季疏摘无效春梢，夏季尽可能摘除全部嫩梢，秋季摘除早、晚秋梢，达到抽梢整齐，减少养分消耗和柑橘木虱发生危害，提高植株抗病防病能力。强化节点防控和复合防控，保障防控技术到位，全面提高综合防控效果。

二、分区施策

（一）老病区

坚持以黄龙病病情基本扑灭为目标，采取“断源”（病苗病穗病树）和“断链”（介体柑橘木虱）防控相结合，围绕挖、管、治“三板斧”，全面实施综合防控措施。围绕病虫监测体系、疫情防控体系、组织指挥体系、工作保障体系和绩效评估体系建设的同时，加大“三防”力度，在做好病树病苗病穗彻底清除的同时，突出种苗接穗产地 PCR 检疫、种苗接穗市场执法检疫管治，实施柑橘三梢期适时适药长效高效治虱控病，新植、补植种苗检测确保无病，推广健身栽培，确保“五关”措施到位，全力将发生病情控制在不足以造成扩散流行的低度状态，促进柑橘优势产业健康持续发展。

（二）新病区

新病区是指近年通过带病种苗、接穗或病树的调运种植所出现的新黄龙病发生区域。对于新病区，突出病虫监测体系、疫情防控体系、组织指挥体系、工作保障体系和绩效评估体系的建立，坚持以黄龙病病情“断源”为目标，加大“三防”力度，加强种苗管治，彻底清除病树病苗，实施柑橘木虱三梢期全面适时专治，种植、补植并检测无病苗木，推广健身栽培，拔除零星病点，保障“五关”措施落实到位，采取“阻源”与“断链”相结合围治扑灭新病点，全力阻截黄龙病向无病区扩散蔓延。

（三）无病区

对于无病区（包含有虫无病和无虫无病高风险区域），柑橘黄龙病的传入可能是通过带病种苗、接穗或病树的调运，如果传入区无传播介体即柑橘木虱，则病害得不到扩散。如果无病区已有柑橘木虱，柑橘木虱和带病材料一并传入，如不及时加以限制，经过一定时间病源和柑橘木虱种群数量的积累后暴发成灾，造成大面积毁树毁园。对于无病区，重在强化疫情监测体系建设，以监测为抓手，狠抓“三防五关”综合防控，严格种苗接穗市场管治，严禁从病区调入种苗接穗，全面开展柑橘园柑橘木虱防治与防范，严防入侵，确保柑橘产业健康稳定安全发展。

第二节 “三防五关”防控技术

一、春防技术

春防是指春季柑橘园黄龙病防控，着重针对春防期（2—5 月）柑橘园柑橘生育特性和病虫发生特点进行综合有效防控。春防期是柑橘黄龙病防控的重要时节，主要有种苗繁育出圃、市场种苗交易调运频繁，为新果园种植和老果园补植种苗；柑橘园柑橘树休眠结束后萌动生长，逐渐步入春梢生长以及孕蕾、开花、结果阶段，为介体昆虫携菌感染的重要时期；开春后气温回升，柑橘木虱无完全滞育越冬区，往往在 3 月前后产生越冬代成虫冬后活动高峰，到春末春梢生长盛期，无论是无完全滞育越冬区还是滞育越冬区，都形成种群数量活动高峰，介体昆虫发生期与生育期相吻合，一旦病源存在则易感染（一般可到秋冬显症），对于去秋秋梢或秋冬梢感染的会在春梢生长盛期植株梢、叶上显症。对此，春防期黄龙病防控着重为“五关”并施。

一是病源清除关。病源清除包括病株挖除、病苗销毁、病穗销毁以及市场执法查扣违法种苗等。柑橘黄龙病春防主要为PCR检测的阳性苗圃染病种苗处置、去秋去冬普查病源清除遗漏病株和新春嫁接换种隐患接穗等，坚持病源必除、病株必清的要求，全面彻底处置阳性染病种苗，对阳性苗圃要做到全圃处置销毁；对普查漏挖或残余病株要及时组织清除或限时令果农挖除，不留死角；严控未作携菌检测的接穗嫁接换种；对春查春梢显症的植株要做好标记和跟踪监测，对明确诊断病株的要及时挖除清除。对病株挖除要全树挖除销毁，切不可单截症枝处置了事。

二是种苗检疫关。严格按照植物检疫条例和实施办法，完善种苗检疫程序，健全种苗检疫制度：进一步做好母本园、采穗圃、砧木圃、品种圃的入圃前情况调查和入圃后的产地检疫，在全面做好当年苗圃产繁情况登记的基础上，加强技术培训，严格种苗检疫程序，全面推行大棚防虫网设施进行种苗繁育和PCR产地检疫。同时，加强种苗调运检疫，对未取得产地检疫证或未按检疫程序达标繁育的种苗不得入市调运外流和输入；加强种苗市场管治，春防期也是种苗交易活跃期，应组织专业机构人员入市执法管理处置。

三是监测普查关。根据柑橘黄龙病监测预警办法，建立种苗黄龙病、柑橘园黄龙病监测区和介体昆虫监测区，定点做好系统监测，及时发布病虫监测预报，突出要做好种苗黄龙病携菌情况监测预报和柑橘木虱发生情况预报，为春梢期柑橘木虱全面适时防治提供信息技术支撑；对于监测发布的预警区域或环节要及时处置到位。春防期也是柑橘黄龙病黄梢、黄化叶片显症的重要时期之一，加强春查有利于全面掌握黄龙病发生动态和病情变化情况，有利于进一步做好病源清除，阻截菌源。一般春查时间为4—5月份，春查形式为踏查目测，以乡镇为单位组织专业人员春查，春查内容主要为柑橘木虱发生情况、黄龙病黄梢及黄化叶片植株显症发生情况，对有把握正确诊断的病株要按果实显症普查结果方法处置，对未能有把握诊断的疑向病株应做好标记作进一步观察，或取样作PCR检测，或直至果实显症期校正处置。

四是治虫防病关。根据冬后柑橘园柑橘木虱虫口基数调查和系统病虫监测，以及病虫监测预报或预警情况，及时结合 3 月份以红蜘蛛等为重点的春季清园，做好介体昆虫兼治。对于越冬代柑橘木虱虫口数量趋重年份要及时分区分类做好专门防治，对老病区要加强防治，严防介体昆虫外迁扩散；对于新病区要做好全面防治，力争消除病点感染；对无病有虫区要严格防范防治，确保无病安全。同时，在柑橘园春梢初期统一开展 1～2次春梢柑橘木虱防治或兼治，药剂配方可选择 10%吡虫啉 WP 1000～2000倍、1.8%阿维菌素 EC 2500 倍或 25%噻嗪酮 WP 1000～2000 倍等交替使用。有条件的地方要推行统防统治，全面提高治虫防病效果。

五是健身栽培关。加强春季园内管理和肥水管理，合理施用 N、P、K，增强树势，以提高抗病力；因树因花因势迁时适度做好修剪，平衡树势；做好春季疏摘春梢，对于抽生较多春梢，适当抹除部分春梢营养枝；人工疏除病虫果、密弱果和畸形果等，令园中小气候不利柑橘木虱发生、繁衍和传播，有利于橘树健壮生长。

二、夏防技术

夏防是指夏季柑橘园黄龙病防控，着重针对夏防期(6—8 月)柑橘园柑橘生育特性和病虫发生特点进行综合有效防控。夏季柑橘处于幼果期至夏梢抽发期，柑橘果实进入膨大期需水需肥量较大，又正值高温多湿季节，病虫害尤其是介体昆虫的发生进入高峰，为柑橘木虱携菌传染夏梢的敏感时机，也是黄龙病扩散流行的重要时期。夏防期是柑橘夏梢旺长期，也是柑橘木虱种群数量多次高峰期，无论是种苗繁育场圃还是柑橘园介体昆虫种群数量都整体趋高，介体昆虫发生期与夏梢生育期相吻合，黄龙病感染成功率高。夏防期是柑橘木虱迁徙扩散和综合防治的重要时期，也是肥水管理和抹除夏梢等健身栽培重要季节。对此，夏防期黄龙病应"五关"防控，着重做好规范柑橘种苗生产检疫程序和制度；加强柑橘种苗母本园、采穗圃、砧木圃、品种圃无病繁育，规范设施防范措施；加强种苗生产田间现场检查；定点定期做好柑橘木虱和黄龙病的系统监测，及时掌握病虫发生动态，及时发布病虫监测预报的同时，突出做好夏梢期柑橘木虱全面防治和田间健身栽培。

一是控制携菌介体昆虫数量和种群迁飞扩散，严控病区病源与介体昆虫交互影响，尽最大努力将介体昆虫种群携菌率控制在不足以传染水平。

二是加强柑橘木虱防治，对于种苗苗圃柑橘木虱防治重在预防，突出到位，保持种苗苗圃柑橘木虱发生率为零的状态；对于果园夏梢期（一般6月上中旬夏梢生长初期）柑橘木虱防治或统防统治，主要在于选用高效长效安全配方，促进田间天敌有效保护利用。药剂配方通过田间速效性、持效性和安全性试验，70％吡虫啉水分散粒剂15000倍液、50％烯啶虫胺可溶性粉剂3000倍液，20％呋虫胺可溶性粒剂1500倍液、22％氟啶虫胺腈悬浮剂1500倍液柑橘园全树喷雾，对柑橘木虱药后1天防治效果分别为96.9％、98.4％、99.6％、96.8％；药后7天防治效果分别为92.1％、97.2％、93.4％、84.0％；药后14天防治效果分别为91.3％、90.3％、81.9％、80.6％；表明这些配方速效性表现好；其中70％吡虫啉水分散粒剂和50％烯啶虫胺可溶性粉剂持效性表现强，田间使用安全，无不良现象。

三是加强失管果园和半失管果园柑橘木虱统一防治，全面有效持续控制田间介体昆虫发生传病。

四是有条件的地方可推行夏季黄板诱杀，挂板密度为果园1～2株柑橘树挂1板，挂在树冠北向中部迎风面，每诱集20～30天更换1次。

五是坚持施肥与病虫防治、控梢与田间管理相结合的健康栽培技术推广，结合当地生产实际，及时抹除零星抽发的新夏梢，严控夏梢疯长，对挂果树尽可能抹除全部嫩夏梢，减少养分消耗和柑橘木虱食料，改变柑橘木虱繁殖生长环境，压低柑橘木虱虫口数量，保障果园健康。

三、秋冬防技术

秋冬防是指秋、冬季柑橘园黄龙病防控，也是全年全面综合集中防控的重要时期。着重针对秋、冬季（9—12月）病虫监测、秋梢期柑橘木虱防治、秋冬梢抹梢管理、果实显症期普查、病株挖除清除、种苗集中取样检测、种苗产地检疫和调运检疫、无病种苗新植或老果园补植等等，做好秋冬季柑橘黄龙病综合防控技术集成组装配套应用。着重围绕“五关”，做好秋梢柑橘木虱监测防治、健身栽培、种苗检疫、黄龙病普查和病树挖除等防控。

一是突出种苗产地检疫和调运检疫：坚持以县域为单位，全面开展柑橘母本园、采穗圃、砧木圃、品种圃产地检疫，严格按照《柑橘种苗 PCR 产地检疫抽样方案》做好产地检疫。严格遵照检疫法规，按照种苗检疫程序和种苗检疫制度做好种苗调运检疫，严禁病区的砧木种子、接穗和苗木流入无病区和新区，从发生区调出种苗应向产地的植物检疫部门申请检疫，经检疫部门检疫合格确保无黄龙病后，凭植物检疫证书调运。未经检疫的柑橘种苗不得外调。在市场销售的柑橘种苗必须具有植物检疫证书。全面实施种苗检疫“3321”行动，就是规范种苗 3 书 3 查 2 制度 1 台账管理行动：“3 书”即规范种苗检疫责任书、产地检疫合证书、植物检疫证书；“3 查”即每年组织 1 次专项执法检查、1 次联合检查和 1 次回头检查；“2 制度”即监管对象自查制度和监管部门巡查制度；“1 台账”即建立检疫登记台账，切实维护良好植物检疫秩序，切实加强秋季种苗市场植物检疫执法管理，严控病区无证种苗流入市场，确保种苗生产有序健康和安全有序检疫管理。

二是突出治虫防病：针对柑橘木虱发生与传病特性，秋冬季是柑橘木虱种群携菌率和携菌量高发季节，也是全年控制传病流行的关键期，结合柑橘园生长发育状况尤其是枝梢生长状况，适时全面做好治虫防病工作。药剂配方参照春防和夏防药剂；采取速效与长效相结合配方，交替选择使用，推行烟雾式喷雾机全面喷雾防治，在做好适时适药防治的同时，推广专业化统防统治和“五统一”防治。专业化防治是以专业队伍运用现代理念技术和现代植保装备进行统一防治的模式；“五统一”防治是以家庭为单位在统一组织下采取“统一生态区、统一时期、统一配方、统一喷施、统一检查”的防治作业模式。在做好秋梢、秋冬梢监测防治的同时，视虫情做好果园采后统一防治，全面提高治虫防病效果，控制秋冬梢传播感染，将越冬虫口密度压到最低限度。

三是突出黄龙病普查和病源清除：对辖区所有柑橘母本园、采穗圃、砧木圃、品种圃等繁育种苗进行抽样 PCR 检测；对辖区所有柑橘园（老病区、新病区和病情再度入侵区的每个果园以及房前屋后零星橘树)采用"三集中""五统一"形式进行"五不漏"普查,采取逐园逐株排查方式进行全面系统的全境式普查,查定病株做好病株标记,并建立普查记录台账。在查清病情的同时,坚持以县域为单位,属地管理为原则,严格按照植物检疫法规和种苗检疫程度,及时彻底处置检测阳性苗圃和病株;坚持以乡镇为责任单位全面彻底挖除普查病株,提倡全面普查与病株挖除相结合,边普查边挖除病树和统一限期挖除病树相结合,在确保普查质量、做好普查台账的基础上,坚持做到发现一株挖除一株,尽最大努力减少漏查率和漏挖率,力争全面彻底病树挖除,全面清除柑橘园病树病源。

四、其他配套技术

(一)浙南柑橘园物候期与农事历

根据浙南果园田间调查观察,春防期主要包括休眠期、春梢萌动期、春梢展叶期和橘树开花期等物候期,其农事操作以清园、整枝、施肥和春季病虫害防治为重点;夏防期主要包括着果落果期、果实生长期等物候期,其农事操作突出为保花保果(或疏花疏果)和夏季病虫害防治;秋冬防主要包括秋梢展叶期、果实生长期、果实膨大期、果实转色期和果实成熟采摘期,其农事操作包含秋季健身栽培、秋季肥水管理、秋季病虫害防治、成熟采摘和采后田间管理等(表 7-1)。

表 7-1 浙南柑橘园物候期及农事历

月份	物候期	主要农事	备注
1 至 2 月	休眠期	1. 环割促花 2. 整枝修剪 3. 清扫残枝,整理树冠 4. 全园喷 0.8～1 度石硫合剂	
3 至 4 月上旬	春梢萌动期	1. 每株施肥(复合肥、菜籽饼、石灰)等 7～10kg 2. 喷施硼砂,促进花芽萌动 3. 防治烟煤病、红蜘蛛	
4 月下旬至 5 月中旬	春梢展叶期,橘树开花期	1. 根外追肥,疏花疏果,拉枝 2. 防治疮疥病、白粉虱、红蜘蛛、木虱等	每串留花蕾 3～5 朵

续　表

月份	物候期	主要农事	备注
5月下旬至6月上旬	落果期	1.保花保果或疏果 2.防治木虱、红蜘蛛、煤烟病、溃疡病、白粉虱等	
6月下旬至7月中旬	果实生长期	1.根外追肥 2.防治蚧壳虫、木虱、锈壁虱 3.人工捕杀天牛	
7月下旬至8月中旬	秋梢展叶期，果实生长期	1.防治木虱、潜叶蛾、红蜘蛛、蚧壳虫 2.防秋梢期和果期病害 3.增施壮果肥	
8月下旬至9月下旬	果实膨大期	1.拉绳吊果 2.控梢抹梢 3.抗旱 4.防治天牛	
10月	果实转色期	1.采前50天禁止喷药 2.中耕除草	
11至12月	果实成熟采摘期	1.采果、分级包装、营销 2.增施采果肥	

（二）柑橘病虫害管理方案

根据果园病虫害发生观察，结合近年病虫害防治配方、果实美化护理、根外营养保健等多方面需求，形成以病虫害安全防治为主体、果实营养护理为辅助的柑橘病虫害管理方案。

1.顶芽1cm（2月下旬至3月上旬）

春季清园。矿物油（绿颖）＋阿维菌素＋王铜（博瑞杰）＋速乐硼＋植物源氨基酸（丽维格）进行喷雾。

2.花蕾期

花蕾露白前（初露白），夜雨后早晨用Zeta-氯氰菊酯喷施地面防花蕾蛆。

3.盛花期

盛花期针对灰霉病选用异菌脲喷施。

4. 谢花 2/3 时(4 月下旬)

防治疮痂病、炭疽病、黑点病、红蜘蛛。矿物油(绿颖)+代森锰锌(大生)+阿维菌素+速乐硼+花果美/丽维格。

5. 谢花后 20 天(5 月中下旬)

防治炭疽病、黑点病、红蜘蛛、蚧壳虫、粉虱、锈壁虱;美果、壮叶。矿物油(绿颖)+代森锰锌(大生)+丽维格,蚧壳虫发生严重的园地再加氟啶虫胺腈(特福力)或螺虫乙酯(亩旺特)。天牛用毒死蜱喷枝干。

6. 谢花后 40～50 天(6 月上旬)

防炭疽病、黑点病、红蜘蛛、蚧壳虫、锈壁虱、粉虱;美果、壮叶。矿物油(绿颖)+代森锰锌(大生)+微补果力+微补盖力。锈壁虱重发园地再加联苯肼酯或乙唑螨腈。

7. 谢花后 60～70 天(6 月底至 7 月初)

防红蜘蛛、锈壁虱、黑点病、炭疽病,美果、壮叶。矿物油(绿颖)+代森锰锌(大生)+微补果力+微补盖力。锈壁虱重发园地再加联苯肼酯或乙唑螨腈。避开中午高温时喷药。

8. 膨大期(8 月中旬)

防治炭疽病、黑点病;补镁和氨基酸用于提高叶片寿命,避免采收前后叶片黄化。代森锰锌(大生)+苯甲·嘧菌酯/唑醚·代森联(百泰)+碧力+丽维格。红蜘蛛用依维菌素或乙唑螨腈,蚧壳虫可用氟啶虫胺腈(特福力)或螺虫乙酯(亩旺特)。避开中午高温时喷药,一般选择在台风前用药。

9. 采后清园

矿物油(绿颖)+王铜(博瑞杰)+丽维格。

五、“5+1”措施

针对柑橘黄龙病防控难度和生产实际需求,全面推动“三防五关”防控技术落地,经过长期实践组创了“5+1”防控推广:5=5 个 1 行动,即为 1 张模式图+1 张 VCD+1 套技术方案+1 次技术培训+1 个示范区所形成的防控技术体系；1＝1套机制，即为监测＋宣传＋落实＋责任＋监督的一套属地防控机制。

1张模式图：柑橘黄龙病防控模式图主要包含五方面内容：一是柑橘树全年生长历，从上年12月至当年2月，逐月分旬至11月建立橘园柑橘树生长历。二是全年时序柑橘生育期，分为芽梢生长期和果实生育期，芽梢生长期分别为春芽萌动前、萌芽期、春梢生长期、夏梢生长期、早秋梢生长期和晚秋、冬梢生长期；果实生育期分别为花芽分化期、花蕾期、开花期、幼果期（生理落果）、果实膨大期、果实转色期和果实成熟采收期。三是全年柑橘木虱种群消长动态，分为年生活史（含各代发生历期）和种群数量时序成虫、若虫及卵消长变化柱形图。四是黄龙病主要发病症状，分为斑驳黄化叶片症状、黄梢症状和红鼻果症状文字描述及其彩色图谱（含有病树）配套。五是黄龙病“三防五关”综合防控措施，按照柑橘生长历，围绕病源（病树、病苗、病穗）阻截和病链（介体昆虫柑橘木虱）阻断及健身栽培三条主线，提出从冬、春季清园到春、夏、秋（含秋冬梢）三梢柑橘木虱防治到果实显症期普查和病树彻底挖除销毁等等防控措施，以及相应从种苗检疫到市场种苗管理到田间栽培管理等属地管理措施。然后印发到镇，转发到村，张贴到村，每村在公共宣传窗口或场所张贴10～20张，做到柑橘黄龙病防控家喻户晓。

1张VCD：拍摄制作《柑橘黄龙病发生危害与防控措施》VCD，主要内容分为黄龙病发生危害、黄龙病发病症状、黄龙病防控措施。刻录成VCD光盘的内容共计18分钟。然后将VCD光盘发放到村到合作社，组织橘农和社员集中观看，促使广大橘农形成黄龙病防控互相制约、互相督促的群防群控机制。

1套技术方案：集成黄龙病“三防五关”防控技术试验和防控经验，每年春季市、县级业务部门通过修正形成一套黄龙病防控技术方案——黄龙病发生态势分析、总体要求、防控目标与任务、防控技术和措施完善更新等进行全面成文部署，促进黄龙病监测预警防控技术研究成果及时全面有效推广应用。并以市、县级重大农业植物疫情防控指挥部文件形式印发到下级指挥机构，直至乡镇农口，以乡镇为单位部署落实推广，推动黄龙病防控技术进步到位。

1次技术培训：坚持边试验研究边宣传推广原则，每年以植物检病宣传月（周）活动为契机，市级在9—10月组织一次100多人参加的柑橘黄龙病综合防控技术知识培训。据统计台州市2010—2016年组织县（市、区）、镇（乡）召开柑橘黄龙病（柑橘木虱）专题会议282场次，组织防控技术培训383期次，培训人数达到2.52万人次，印发技术资料10.54万份，电视广播节目64期次，制作技术光盘1307份，制作防控技术挂图15952张。坚持层层组织层层培训，尤其乡镇每年都进行1次黄龙病防控技术培训，邀请外地专家或当地业务主管开展黄龙病防控技术培训，上至中国和省柑橘研究所专家，下至村民种橘能手，讲解或传授黄龙病防控技术和防控经验，普及黄龙病防控知识，提升广大橘农自觉参与黄龙病防控的觉悟，促使黄龙病的防控成为每个橘农的自觉行为。

1个示范区：为了更好更形象地展示黄龙病综合防控成果，根据年度技术方案，每个主产柑橘镇创建1个100～500亩（1亩≈666.67平方米）的黄龙病综合防控示范区，展示统一技术措施及其防控成果，辐射或带动面上黄龙病防控纵深发展。

1套机制：黄龙病防控，难点在群众，基础在群众，成败在群众。做好群防群控，关键在于机制。通过多年实践表明，创建“监测＋宣传＋落实＋责任＋监督”的黄龙病防控机制，对确保黄龙病防控措施到位具有十分重要的作用。监测就是做好黄龙病和柑橘木虱的监测，包括全面普查监测和完善监测体系，及时作出趋势预测或灾情预警，提升属地各级层面对黄龙病的关注，尤其要引起决策层的重视；宣传就是宣传黄龙病的危害与对策措施，增强宣传攻势，在重点区做到像宣传森林防火一样树起高音喇叭进村入园宣传，激发广大干部和橘农从心动步入行动；落实就是以乡镇为单位落实技术方案和防控措施，通过春防、夏防和秋冬防三次部署，将黄龙病综合防控措施落到实处；责任就是属地责任管理制度和考核制度，以责任推动落实；监督就是坚持层层督查，确保春防、夏防和秋冬防技术措施到位到效，从而形成一套行业责任机制和群众性制约控制机制。

第三节　主要推广模式与示范推广实施

一、“整建制式”模式与做法

涌泉镇柑橘种植面积 $2867hm^2$，分布于 39 个行政村，有 436 家柑橘专业合作社，为浙江最大的无核蜜橘生产镇。自 2003 年首次发现黄龙病以来，坚持以黄龙病疫情责任防控为主线，创建镇、村、社、园防控体系，创成以“一挖两治(挖除病株、防治木虱、管治种苗)”为核心的“三防五关”防控技术体系，形成以群防群控为主体的整建制式防控模式。通过 10 多年的持续努力，将黄龙病疫情从 2005 年全镇的 1531 株，到 2007—2015 年持续 9 年控制在 200 株以下，即将发病率控制在 0.01%以下，实现黄龙病基本扑灭目标。其主要做法如下。

1. 坚持属地管理制度建设，创建镇村社园四级防控体系

坚持以镇长为组长，分管领导为副组长，集农办、农技站、林特站、驻村干部等为成员的防控指挥体系，将驻村干部、村两委和合作社负责人列入“捆绑式”责任考核体系，坚持属地责任管理，将防控任务分解到驻村干部，由其组织村“两委”班子按防控方案做好宣传发动、病情普查、病树挖除等工作，然后在关键时节通过合作社将冬季清园、春季清园、木虱防治、更种无病苗木以及不从病区采购种苗和接穗落实到户到园，坚持分片包干和分园统一行动相结合，形成一级抓一级，级级同步行动，级级责任明确的考核制度，对防控不力或行动步调不一的相关人员年终采取记责以及向上捆绑记责办法进行考核，确保黄龙病防控体制健康有序运作。

2. 强化培训宣传力度，创建黄龙病病情防控新秩序

做好黄龙病疫情防控工作，难点在群众，基础在群众。针对防控工作的艰巨性、长期性和复杂性，镇党委镇政府坚持以培训为基础，张贴模式图和播放 CD 片为重点，集成媒体、短信、黑板报、专栏资料、宣传窗协动宣传，营造全面统一防控氛围，在疫情趋势趋重年份的秋防季节借用宣传车，像森林防火一样进村进田头喇叭宣传。坚持发动群众，依靠群众，制

定村规民约，营造浓厚的群防群控氛围，动员广大干部群众参与普查、参与管理，激发广大群众自觉行动，自觉选用无病种苗，治虱防病，挖除病树，使之形成了相互监督、相互制约、相互检举、相互揭发、相互督促、相互实施的群防群控新秩序，为推动黄龙病整建制防控奠定了良好群众基础。

3. 坚持开展疫情普查，创建黄龙病疫情防控责任包干制度

为了及时有效全面做好黄龙病疫情防控，保障优势柑橘产业健康发展，在黄龙病疫情入侵初期创建了责任包干制度，将驻村干部与村两委实行捆绑式责任考核，确保黄龙病防控技术和防控措施到人到位；在黄龙病疫情基本得到控制以后，严格按照《重大农业植物疫情防控工作责任书》的目标，建立责任考核制度，坚持将每年10月下旬至11月中旬定为普查月，制定实施方案周密部署，集中时间、人力和物力，按照“镇不漏村、村不漏片、片不漏社、社不漏户、户不漏株”的要求进行地毯式普查，具体以驻村干部组织村“两委”分片包干，普查任务责任到人，分村分户登记造册。坚持普查与挖除相结合，对普查到未挖除的病株，以镇政府名义统一向果农下发清除通知书，并说明清除规定时间和清除要求。病株清除规定期满后再由村干部统一组织人员对病株进行核实和挖除，针对有些村无法挖除的病株，镇里再组织人员进行强制挖除，尽最大努力铲除病树和菌源。

4. 坚持实施群防群控机制，创建黄龙病病情立体式防控体系

紧紧围绕种植无病种苗、介体木虱防治和病树挖除三大措施，创建以“一挖两治”为核心的“三防五关”立体式防控体系，就是利用群防群控机制，围绕种苗检疫关、治虫防病关、疫情普查关、病树挖除关和健身控病关，坚持抓好春防、夏防和秋冬防，其中春防突出抓春季清园、春梢木虱防治和春季集市橘苗管治，严控从病区采集种苗和接穗高接换种；夏防突出夏梢柑橘木虱统防统治，根据农技与林特人员监测情况，每月在“共富裕之窗”发布虫情信息，以合作社或柑橘场为单位统一防治时间，统一药剂配方，统一区域防治，及时将木虱发生有效控制在传病水平以下；秋冬防突出秋梢柑橘木虱防治、掰梢控病、病树彻底查挖和冬季清园等，形成一套以彻查彻挖为前提，统防统治为抓手，群抓共管为保障的整建制防控体

系。通过多年实施，有效战胜了黄龙病疫情危害，促进了涌泉蜜橘健康安全生产，推动了涌泉蜜橘品牌建设，提升了果品品质，展现了涌泉蜜橘的良好风采。

5. 坚持打持久战思想，创建持续防控督查制度，确保基本扑灭效果

黄龙病防控年年做年年有，加上基层精力、人力、物力和财力等所限，近年来个别地方缺乏主动应战思想。针对局部所产生的厌战情绪，镇党委政府站在全局的高度，加强思想政治工作，以属地管理和责任管理为核心，通过签订责任书、层层捆绑考核和经常性组织检查等一系列措施，抓宣传抓发动抓管理，树立黄龙病防控打持久战思想，疫情就是命令，但凡黄龙病不灭思想就不能放松，为此通过持续防控督查制度创建，在镇村两级建立督查组，在黄龙病疫情防控期间加强督查，特别是在秋冬防关键时节强化防控督查，组织开展经常性督查，促进全镇黄龙病持续防控效果保持89％～96％，达到了基本扑灭效果，从而推动全镇柑橘种植面积从入侵前的 2133hm^2 上升到目前的 2867hm^2，促进了全镇柑橘产业欣欣向荣发展。

二、“五制联动”模式与做法

临海是中国无核蜜橘之乡，全市具沿江、沿海和山地三大特色橘区，种植面积 12000 余 hm^2，自 2003 年首次发现入侵以来，坚持以挖除病株为先、以介体昆虫防治和管治市场种苗为本，不断健全“三防五关”防控体系，创新了属地、责任、制度、保障、考核五大机制联动防控模式，简称五制联动模式。通过本模式多年持续有效实施，全面控制黄龙病蔓延，将全市黄龙病发病率持续控制在 0.3％以下，有力地推动传统柑橘优势产业健康发展。其主要做法如下。

1. 坚持属地管理，创新群防群控新机制

坚持以属地管理为主轴，强化政府疫情防控管理、行业专业防控和果农自身防范意识，提升政府、行业和果农“三个层级”的属地防控能力，在市镇两级防控指挥机构指挥下，将防控体系向村委会和专业合作社延伸，通过责任状和监管检查，形成了市、镇、村、社四级防控体系，坚持镇村联

动、社社发动、户户行动的整建制防控思路，将黄龙病疫情防控任务分解落实到各级经济社会发展的主要目标任务，增强了广大干部群众搞好黄龙病防控的紧迫感和责任感，促进了广大干部群众自觉统一防控行动，为防控打下了群众基础，使之形成相互监督、相互制约、相互检举、相互揭发、相互督促、相互实施的群防群控新机制。

2. 坚持责任防控，创新黄龙病疫情防控责任管控机制

针对黄龙病可防可控不可治的疫情特点，各级高度重视责任防控机制建设，紧紧围绕责任防控目标，将防控责任写入两会工作报告，纳入年度经济社会重点项目进行管理；层层组织签订签任书，以镇、街道为单位负总责，将防控工作责任落实到工作片、到村、到社，明确驻村干部、村两委责任，建立防控工作责任制；将防控任务层层分解落实，做到职责明确，责任人明确，确保责任到位、人员到位、工作到位、措施到位。

3. 坚持制度防控，创新宣传月、普查月和经验交流机制

通过长期防控实践和摸索，创新了一整套秋季宣传月制度、“普查月”制度和经验总结交流制度，其中宣传月主要抓 10 月 10 日至 11 月 10 日，抓住秋季显症期做好疫情自查和普查，抓住秋管集中期做好橘园病树的彻底挖除，抓住果农集中期做好群防群控宣传，引导果农自觉参与秋防行动，使黄龙病防控家喻户晓；“普查月”主要通过秋防发动部署会议，以镇、街道为单位，分管领导负总责，制定切实可行的普查防控方案，形成一套自查、复查、复检、普查活动制度；坚持经验总结交流制度，在黄龙病疫情防控关键时期，组织各镇、街道和专业合作社开展防控经验总结交流。通过组织经验交流，不断提升各地综合防控水平。

4. 坚持保障防控，创新经费投入列入财政预算机制

黄龙病疫情防控是一项公益性事业，做好保障防控重在经费保障，将加强财政投入作为疫情防控的重要保障措施来抓，多年来市财政每年坚持拿出 40 多万元植物疫情防控经费，2014 年追加经费 80 万元，据统计最近三年省市共投入防控经费 223 万元，此外各镇街道也将黄龙病疫情防控经费纳入财政预算，保障黄龙病疫情防控取得实效。

5.坚持考核防控,创新黄龙病疫情防控考核督查管理机制

一方面年年将黄龙病病情防控列入"两个社会"建设考核内容,以责任书要求和完成情况进行考核;另一方面加强督查,在疫情防控的关键季节,市、镇(街道)两级建立督导组,采取一级督查一级,督查各地防控组织机构的设立情况、经费投入情况、组织发动情况、责任制建立情况、疫情普查作业计划、病树挖除情况等等,对不达标的镇(街道)予以通报;坚持以督查促落实,及时发现问题,解决问题,确保措施到位。此外,将考核分值与动物疫情防控考核等同,对涉防部门和镇(街道)进行考核,甚至镇(街道)将考核办法延伸到村和驻村干部,从而提升部门和各地各级职责防控成果,努力为柑橘产业健康发展保驾护航。

三、"九系治黄"模式与做法

黄岩是中国柑橘始祖地之一,全区柑橘种植面积 4500 余公顷,自 2002 年黄龙病首次传入以来,坚持"挖治管并重,综合防控"方针,全面围绕"三防"技术实施,创建了政府组织、目标考核、资金保障、宣传培训、监测预警、治虫防病、疫情普查、病株挖除、检疫监管等九大防控体系,简称"九系治黄"模式。通过九系治黄模式持续应用实施,使疫情快速蔓延势头得到有效遏制和持续控制,全区从 2005 年发病树 35.6 万株逐年下降到 2016 年的 2.1 万株,病株率为 0.54%。主要做法如下。

1.坚持政府主导,健全防控指挥体系

黄龙病防控指挥体系是组织保障防控的前提,坚持分管农业区长任指挥长,区政府办公室副主任和农业局长任副指挥长,区政府直属有关单位和各乡镇(街道)分管农业副乡镇长(副主任)为成员,指挥部下设办公室,具体负责日常工作,区农业局副局长兼任办公室主任。各乡镇(街道)也相应成立了黄龙病防控指挥机构,落实专人具体负责黄龙病的监测与防控工作。

2.坚持目标防控,健全责任考核体系。

每年在全面普查病树并砍挖结束后,由区政府组织有关部门和专业技术人员,将防控工作分解成组织保障、责任保障、工作部署、防控示范、

病情普查、化学防除、综合防效等11个分项，根据各地防控工作开展情况和实际效果进行量化打分，综合考核评价，按照得分多少，分为优秀、良好、合格和不合格四个档次，表现突出则直接奖补给乡镇一级政府，提高乡镇一级政府对植物病情防控工作的积极性。对考核优秀单位属于老病区的病株数必须比上年减少15%以上，属于新病区的病株数增长幅度必须在10%以内，这样大大调动了各地防控工作积极性。

3.坚持资金投入，健全防控保障体系

2003年以来区政府每年都安排黄龙病防控专项经费，并列入年度财政预算，接受人大监督，全力保障黄龙病的防控工作所需的各项经费，2003—2016年区财政共安排专项经费983万元。为重振黄岩柑橘产业，区政府还出台了扶持政策，新种植柑橘良种，成片面积在15亩以上的，每亩补助200元；果园使用权流转，成片面积在15亩以上的，每亩补助200元。

4.坚持普及宣传，健全培训体系

2004年开展“一户一宣传”，全区印发12.5万份宣传资料；2005年制作黄龙病科教片，开展宣传周活动；2006年研制黄龙病防控模式图，并分发到村居、种植大户、柑橘生产基地，还与电视台联合制作专题片《决战黄龙病》，在黄岩电视台连续播放5次；2008年印发《柑橘木虱及其防控措施》宣传资料和再版黄龙病防控模式图；2014年还专门组织编撰出版了《植物病情及防控手册》小册子4315本，分发到全区所有村居。几年来，共印发宣传资料近25万份，发放张贴防控模式图8000张，播放《黄龙病科教片》67场次，广播电视宣传100多次，使防控工作做到家喻户晓，人人皆知。

5.坚持病虫监测，健全疫情预警体系

自2002年以来，每年都不定期发布木虱发生防治情报，要求各地根据物候特点和木虱虫情监测结果，重点抓好春、夏、秋梢三梢抽发期木虱的防治工作，并根据木虱发生基数的高低进行分类指导，对虫口基数偏高的果园连续用药。近几年每年都为黄龙病综合防控示范区157hm^2柑橘园免费提供防治木虱农药，有力地推动了面上木虱防治工作。2002年至

2015年柑橘木虱防治面积累计达到360万亩次，防治达标率90%。通过狠抓木虱防治，有效地控制了木虱的种群数量，延缓了黄龙病的传播蔓延速度。

6. 坚持综防示范展示，健全柑橘木虱体系

多年来坚持在南城蔡家洋、北城下洋顾、头陀新岙、上洋（董岙、前岸）和澄江凤洋建立植物病情综合防控示范区5个，面积157hm²。防控指挥部办公室多次组织有关专业人员对示范区病情防控工作进行检查指导，重点抓春季春梢防控、夏季夏梢防控和秋冬季秋冬梢防控工作。围绕柑橘木虱防控，在3月中旬为示范区免费提供防治柑橘木虱的吡虫啉等农药，推动木虱的防治工作，对越冬代木虱成虫采取兼治的办法，对柑橘春梢萌芽、夏梢初长期和秋冬梢萌芽长梢期则采取专治的方法，尤其是澄江凤洋柑橘观光园核心示范区，总面积63hm²，由黄岩橘都柑橘植保专业合作社负责全程实施，采取健身栽培和以化学防治为主，进行“统一时间、统一药剂、统一行动”，实行规范化管理、专业化防控，在柑橘生长的各个梢期都很难查到木虱，黄龙病发生情况极轻。通过以上措施，在澄江凤洋示范区黄龙病病株率控制在1%以内，防控示范区成为引领黄龙病综合防控的展示窗口，提升了全区广大橘农对黄龙病的防控信心和积极性。

7. 坚持五不漏普查，健全明细疫情管控体系

每年的10月至次年2月，是黄龙病病情普查与病树确认的重要时期。2002年以来，坚持每年按照“五不漏”[乡（镇）不漏村、村不漏片、片不漏园、园不漏块、块不漏株]的要求实行全面普查。普查数据按村到户，进行登记造册，建立普查档案，平田乡还以村为单位张榜公布，依靠群众相互监督、相互制约、相互督促，提高普查数据的真实性。同时要求普查与砍伐病树同步进行，减少漏查率，使疫情普查达标率接近100%。2002—2015年：累计调查面积112.6万亩次，调查总株数为6998万株，发病面积24.88万亩次，发现病株为204.64万株。

8. 坚持病树彻底铲除，健全挖除台账管理体系

铲除销毁病树是消除黄龙病疫情隐患的最有效的措施之一。在疫情普查、确认病树的基础上，采取专业化与社会化相结合的方式，对所发现

的病树进行砍挖并清理:如院桥镇和高桥街道等连续多年由镇(街道)组织砍伐专业队,对辖区范围内所有橘园病树进行全面核查与砍(锯)伐。14 年来,黄岩区累计砍病树 204.64 万株,减少了毒源,降低了病害蔓延速度,疫情发生范围在逐年缩小,发病株数不断减少,2016 年发病株数减少至 2.12 万株,持续开展的防控工作取得了实效。

9.坚持检疫程序调整,健全监管体系

随着黄龙病疫情的扩散,在黄岩境内没有合适的育苗基地,全区停止了办理育苗申请,若本地需要种植柑橘的苗木,建议使用无病苗繁育基地生产的苗木,并严格调运检疫手续。2011 年和 2012 年从象山、椒江等地的脱毒苗繁育中心调入柑橘苗木近 3 万株,主要用于发病严重果园的改造补种,对保护柑橘优质果基地生产安全起到了积极作用。

四、“健身防控”模式与做法

柑橘黄龙病发生区,除了实行严格的检疫防控措施外,实施健身栽培也可有效降低柑橘黄龙病的发病率,既能减轻发病症状,又能延长橘树经济寿命。针对柑橘黄龙病轻发生区,围绕黄龙病春防、夏防和秋冬防技术实施,突出以健身栽培为主体,配套检疫防控,简称“健身防控”模式。健身防控模式主要以健身栽培为主轴,加护检疫防控措施,其中柑橘健身栽培主要包括健苗培植、矮化修剪、均衡结果、配方施肥、有机肥施用和病虫害综合治理等;柑橘检疫防控主要包括柑橘种苗检疫(产地检疫、调运检疫、检测检疫),种植无病种苗,病株挖除销毁等。通过在丽水等地示范实施,在保障检疫防控到位的基础上,突出健身防控,通过示范区和对照区初步比较分析,示范控制效果达到 74%,成效较为明显。主要做法如下。

1.重施有机肥,加施叶面肥,提高橘树自身素质

每年采后和春前各重施一遍有机肥,施肥量在 30 吨/hm^2 以上,最好是腐熟的猪栏肥。在全年各生长季节杜绝单独使用氮肥,改用氮、磷、钾三元复合肥,施肥量每公顷为进口肥 450～600kg 或国产肥 600～750kg。在果实膨大后期,每公顷加施硫酸钾 225～300kg,以增进果实品质。在幼果期和干旱、低温等时期,采用 0.2%磷酸二氢钾和 1%过磷酸钙浸出

液等进行叶面追肥,增强树体抗逆性。

2. 开心修剪,矮树栽培,培育健壮树体

每年春季对柑橘实施大枝修剪,培养开心形树冠,增强树体中下部的透光度。修剪方法是分 2～3 年逐步以降低节位方式锯除中间直立性大枝,达到并始终控制树高在 2.0m 以下,保证采果时不需借助橘凳。在锯除中间直立性大枝的同时也剪除直立性徒长枝,短截斜生徒长枝,形成杯状形树冠,使树体营养在各部位枝梢中平衡分布。

3. 合理疏果,均衡结果,保持橘树持久的生产力

疏果目的是减少树体大小年结果现象,使橘树不因丰产年份结果过多而衰退。疏果重点是摘除畸形果、日灼果、病虫果和大果、小果,按(30～40)∶1 的叶果比,留取生长中等的果实。一般分 2 次进行,时间在定果之后。第 1 次为 7 月中旬至 8 月中旬,一次性疏去畸形果、病虫果及多叶朝天果。第 2 次在 8 月下旬至 9 月上旬,疏去裂果、日灼果、病虫果,并根据挂果情况,再酌情疏除部分大果和小果。

4. 抓住春、夏、秋三梢节点,注重柑橘木虱和其他病虫害综合治理

结合春梢、夏梢、秋梢病虫发生特点,注重病虫综合防治,特别注重柑橘木虱的专治与兼治。如前期应注意对蚜虫、蚧类、红蜘蛛等进行防治,后期对砂皮病、黑点(斑)病、锈壁虱等进行兼治。采用的农药为高效低毒低残留杀虫杀螨剂和广谱性杀菌剂。农药品种可选用阿维菌素、矿物油、吡虫啉、机油乳剂、代森锰锌等。在 8、9 月份,柑橘木虱发生量大时,专门针对柑橘木虱选用对口农药进行防治。

5. 提倡深土施肥,减少肥料流失,提高橘树抗逆能力

近年来随着劳动力价格的上升,广大农户基本采用表面施肥,造成橘树根系上浮,严重削弱树体抗冻、抗旱和抗病虫害能力。采用深土施肥,特别是有机肥的深土埋入能有效地诱导橘根向深土生长,增强树体抗逆能力。深土施肥可根据不同树龄采用多种方式进行。幼树采用环状沟施法,位置在树冠外围;5 年以上树龄采用放射状沟施法,沟深掌握在 20～30cm,保肥性差的土壤可适当深施,沙性土养分易流失,宜浅施。环状沟渠应每年扩大,放射沟要每年更换位置,以达到全园改造的目的。

6.测土配方施肥，实行以需定肥，提高肥料利用率

测土配方施肥对平衡树体营养、保持健康生长作用很大。测土配方施肥首先要测定橘园的土壤肥力状况，根据柑橘需肥量、肥料利用率及橘树生长情况等因素，加以综合分析，然后实行以需定肥。据测定，一般产果 45t/hm^2 的橘园，其氮、磷、钾和有机质用量分别为纯氮 448.5kg、有效磷 351.0kg、氧化钾 307.5kg、有机质 892.5kg，因此配方施肥一般掌握氮磷钾比例为 10∶7∶8，有机肥每 hm^{2}3t 以上。

7.合理应用微量元素肥料，促进橘树营养平衡

山地橘园多以红壤为主，土壤肥力差，微量元素缺乏。主要表现在缺钙、镁、硼、锌等，有碍于橘树健康生长，抵抗病虫害侵袭能力降低。因此在春季施肥时应适当增施硝酸钙等活性钙肥，一般用量为 150kg/hm^2，连续施用两年就有较明显的效果。缺硼可导致树体分生组织退化，维管组织发育不良。在每年 4 至 5 月叶面喷施 0.1%～0.2%硼砂 2～3 次，对严重缺硼的橘园，可土施硼砂，用量为 45～60kg/hm^2。缺锌使树体的顶端叶片变小，叶脉间褪绿，易造成小叶病、斑驳叶，冬季落叶严重，出现枯枝，可对叶面喷施 0.3%～0.5%的硫酸锌溶液，全年喷施 2～3 次，以促进树势健康生长，提高植株自身抗病抗逆能力。

五、“综合升级”模式与做法

针对介体昆虫种群数量和带菌率趋高、柑橘种苗风险加大，以及黄龙病潜存上升态势，各地紧紧围绕“挖治管”防控策略实施，集成多种防控模式实践应用成果，进一步树立打持久战思想，将以“一挖两治”为核心的“三防五关”综合防控技术进行升级，创新集成监测预警、种苗检测、彻查彻挖病树、种植无病种苗、治虱防病、绿色防控、健身控病为一身的新型技术体系。其主要做法如下。

1.促使“一挖两治”向“一无两阻”转变，创新黄龙病“新三防”技术推广

但凡黄龙病不灭，思想就不能放松，防控技术就要升级。各县市区经过第 1、第 2 阶段探索实践，以病源和介体为重点，创成了以“一挖两治”为核心的“三防”技术，“一挖”就是挖除病树销毁病树，“两治”就是加强种

苗检病管治和柑橘木虱防治，持续抓春防、夏防和秋冬防实施。进入第3阶段种苗携菌风险大大上升，防控策略坚持不变，但防控重心转入推广无病种苗种植及更新，特别是通过近年的实施，初步形成了以"一无两阻"为核心的"新三防"技术，"一无"就是新建果园或改造果园全面推广无病种苗种植，"两阻"就是及时清除病树，阻截菌源，补植无病种苗；抓住节点适时集成防治介体虫媒木虱，阻断菌链，以使介体不足以传病，丰富春防、夏防和秋冬防技术。

2.提升田间信息采集和数据库建设，创新黄龙病病情模型预警技术

监测预警是黄龙病病情防控技术提升的重要基础。一方面改进监测调查技术，对房前屋后和失管果园虫媒木虱种群数量系统定点定株调查，改肉眼定园定株取样调查为黄板定园挂放诱集调查，调查效率可提高3～5倍；一方面开展病虫数据库建设，在系统采集果园黄龙病和木虱发生信息的同时，创建黄龙病和木虱数据库；另一方面组织研究黄龙病发生规律，创建黄龙病病情长期运动预警模型和虫媒木虱种群数量季节性动态预测模型，通过这些模型，准确地对当前黄龙病病情和虫媒木虱进入新的拐点上升期作出预警，准确地对近年潜存再度流行风险作出了预警，为病情防控决策和技术升级奠定了良好基础。

3.提升种苗属地管控能力和PCR检测抓手，创新无病种苗种植技术推广

针对当前和今后黄龙病病情发生态势严峻，种苗携菌风险严重突出的特点，及时调整"三板斧"防控程序，将推广无病种苗作为优先措施：首先率先创新种苗携菌监测程序实施，2015年9—10月以市级检疫部门牵头，争取财政检测经费落实，分三批对邵家渡、小芝、桃渚、杜桥等苗圃取94个株样送检，结果PCR检出阳性苗圃1个，总株阳性率2.12%，为携菌种苗彻底处置提供了技术支持；其次强化属地处置原则，运用取样检测结果告知当地政府和苗农，以市防治名义要求当地政府落实限期销毁8万株染疫橘苗；第三全面推广无病种苗种植技术，目前如何选择无病种苗困难重重，我们的做法是在逐步取缔露地育苗的同时，总体上要求对现有苗圃先检测后选择，彻查彻挖病树，补植无疫种苗，对列入提升改造果园

和新建果园全面推广无疫种苗。

4.提升以治虱防病为主线的绿色防控集成，创新虫媒木虱综合防控技术

木虱不除，黄龙病不灭。加强介体木虱持续防治，严防携菌传染扩散流行，是黄龙病疫情防控的重要措施，也是“一无两阻”模式推广的关键技术。通过多年的实践，集成一套药剂治虱防病和绿色防控相配套的木虱综合防控技术：一是抓住春梢、夏梢、秋梢、晚秋梢抽生期及病树挖除前五大关键节点；二是推广经过试验成熟的烯啶虫胺、呋虫胺、氟啶虫胺腈、吡虫啉等高效速效长效兼顾药剂节点防治技术和拐点防治技术；三是加强果园治后虫口密度检查，对防效不理想的果园要及时补治；四是组装配套推广绿色防控技术，突出抓柑橘木虱成虫盛发期悬挂黄绿板诱杀技术，每亩挂放20～25张，其长期防效可达50%～70%。通过春防、夏防和秋防一起抓，确保虫媒木虱种群数量全年控制在不足以传病水平，促进面上果园安全防控，全面提高综合防控效果。

5.提升冬春季全面清园融合，创新夏秋梢抹芽控梢健身控病栽培技术

为了提高黄龙病疫情防控效果，着重围绕弱势管理，减轻介体木虱感染概率，提高橘树抗病菌感染能力。一抓果园测土配方施肥技术推广，保障弱势栽培以需定肥；二抓秋梢、晚秋梢木虱高发期抹芽控梢或对营养枝断枝防感染传病；三抓采果后冬、春两季清园，控制病源传染环境，促进健身控病栽培融合。黄龙病防控三分靠技术七分靠管理。面对黄龙病发生新态势和防控新形势，紧紧围绕全面持续有效防控、促产业健康提升发展新要求，进一步提升政府、行业和农户的“三个层级防控”水平，创新整建制统防统治、村规民约群防群控和示范区辐射带动推广，加大严防严控力度，确保黄龙病防控措施到位。

第八章　介体昆虫柑橘木虱致病菌及其应用效果

第一节　昆虫病原真菌(虫生真菌)及柑橘木虱致病菌

一、昆虫病原真菌(虫生真菌)

昆虫病原真菌(虫生真菌)是指能侵入昆虫体内寄生、使昆虫发病致死的真菌,是昆虫病原微生物中一个最大的类群,全世界已报道的总量约有100多个属800余种,寄主范围较广,可寄生5个目100多个属的215种昆虫。1980年以前我国发现和记录的虫生真菌种类仅为30余种,至2000年已增加到430种。在害虫的微生物防治中,具有利用和开发价值的杀虫真菌主要为两大类,一类为半知菌的丝孢菌(*Hyphomyctes*),如白僵菌、绿僵菌、拟青霉和轮枝菌等,一类为接合菌的虫霉目(*Entomophthorales*)真菌,包含许多经常引发高强度害虫流行病的种类,如虫疠霉、虫瘟霉、虫疫霉等。随着用昆虫病原微生物来防治害虫研究的开展,虫生真菌成功开发利用主要有三方面:一是开发真菌杀虫剂,主要有球孢白僵菌、布氏白僵菌、金龟子绿僵菌、莱氏野村菌、玫烟色棒束孢等;二是开展昆虫真菌流行性疾病的人工诱发和调控,如在柑橘粉虱发生严重的柑橘园,于柑橘春梢期用挂枝法(枝上有粉虱座壳孢感染的柑橘粉虱虫尸)引进粉虱座壳孢,创造菌物定殖环境,对柑橘粉虱实施生态调控;

三是融合害虫综合治理(IPM)体系，在害虫综合治理系统中，由于虫生真菌能侵染各类昆虫及昆虫的各个发育阶段，不少虫生真菌能大量产孢并扩散流行，成为一类十分重要的生态控制因子，可起到独到的作用和具有自然调控功能。

二、柑橘园柑橘木虱致病菌种类

柑橘木虱致病菌(虫生真菌)是寄生在柑橘园柑橘木虱虫体中的真菌，是柑橘木虱的重要天敌之一，能使其自然致病死亡。开发应用柑橘木虱致病菌是柑橘园柑橘木虱综合治理的重要组成部分，也是柑橘黄龙病介体防控的重要措施之一。现有报道柑橘木虱致病菌(虫生真菌)的种类主要为下列几种：

拟青霉属的宛氏拟青霉(*Paecilomyces varioti*)；

玫烟色拟青霉(*Paecilomyces fumosoroseus*)；

白僵菌属的球孢白僵菌(*Beauveria bassiana*)；

绿僵菌属的金龟子绿僵菌(*Metarhizium anisopliae*)；

被毛孢属的檬形被毛孢(*Hirsutella citriformis*)；

笋顶孢属的蚜笋顶孢霉(*Acrostalagmus aphidium*)；

镰孢属的黄色镰刀菌(*Fusarium culmorum*)；

轮枝孢属的蜡蚧轮枝菌(*Lecanicillium lecanii*)；

枝孢属的尖孢枝孢菌(*Cladosporium oxysporum*)；

柑橘煤炱菌(*Capnodium citri*)；

匍柄霉(*Stemphylium* sp.)。

这些柑橘木虱致病菌作为生防菌，目前多处在实验室阶段，尚未有其制剂在柑橘园防治柑橘木虱成功实例。

三、浙江柑橘园柑橘木虱致病菌

近年，浙江省柑橘研究所通过对浙江台州不同柑橘园采集的柑橘木虱虫体虫生真菌分离研究，获得91株虫生真菌。通过浸液法测定对柑橘木虱的致病性，排除腐生菌等非致病菌，筛选出符合科赫氏法则对柑橘木虱具较强致病性的虫生真菌5株(ZJLSP07、ZJLA08、ZJLP09、GJMS032

和 ZJPL08)，其中以 ZJPL08 菌株对柑橘木虱的致病性最强。经对这 5 株虫生真菌菌株基因序列测试，结合菌株形态学特征分析，将这 5 种虫生真菌鉴定为：

菌株 ZJLA08 为渐狭蜡蚧菌(*Lecanicillium attenuatum*)；

菌株 ZJLP09 为刀孢蜡蚧菌(*Lecanicillium psalliotae*)；

菌株 ZJLSP07 为蜡蚧菌属尚未定名的一个新种(*Lecanicillium* sp.)；

菌株 GJMS032 为曲霉属菌(*Aspergilluswesterdijkiae*)；

菌株 ZJPL08 为淡紫紫孢菌(*Purpureocillium lilacinum*)。

这 5 种柑橘木虱虫生真菌是浙江台州柑橘园柑橘木虱的重要致病菌，对生态调控柑橘园柑橘木虱发生具有优势种作用。

第二节　浙江柑橘园主要柑橘木虱致病菌形态特征

一、蜡蚧菌属菌(*Lecanicillium*)

(一)渐狭蜡蚧菌(*Lecanicillium attenuatum*)

菌株 ZJLA08 在马铃薯葡萄糖琼脂培养基 PDA 置于 25℃恒温培养 7 天左右及光学显微镜观察，菌落生长良好，正面呈白色，菌丝致密、呈棉絮状；背面呈浅黄色，无可见色素产生；25℃ 培养 14 天菌落直径 49.16mm(图 8-1 左)。瓶梗着生于匍匐状气生菌丝上，单生或 2～5 根轮生，大小为(10.5～30.5)μm×(1～2)μm，分生孢子单生或 3～8 个簇生于瓶梗顶端，分生孢子呈圆柱形，单细胞或 2 个细胞，大小为(3.5～7.0)μm×(1.5～2.5)μm(图 8-1 右)。

(二)刀孢蜡蚧菌(*Lecanicillium psalliotae*)

菌株 ZJLP09 在马铃薯葡萄糖琼脂培养基 PDA 置于 25℃恒温培养 7 天左右及光学显微镜观察，菌落生长良好，正面呈白色，菌丝致密、棉絮状；背面呈红色，且有红色色素扩散到琼脂内，无皱褶(图 8-2 左)；25℃培养 14 天菌落直径 60.77mm。瓶梗基部较粗，至顶部逐渐变细，大小为(8.5～32.0)μm×(1.0～2.2) μm，着生于匍匐状分生孢子梗上，单生或

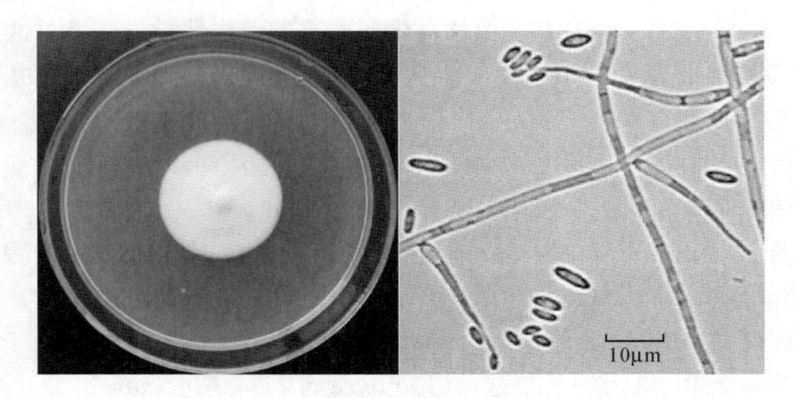

图 8-1 渐狭蜡蚧菌(菌株 ZJLA08)菌落(左)及其菌丝、瓶梗、孢子显微特征(右)

3～5 根轮生。分生孢子单生或少数几个簇生于瓶梗顶端，大的分生孢子呈镰刀形、弯曲、末端尖锐，单细胞或 2 个细胞，大小为(4.5～10.5)μm×(1.5～3.0)μm；小的分生孢子为卵圆形或椭圆形，(3.0～4.2)μm×(1.5～2.5)μm（图 8-2 右）。

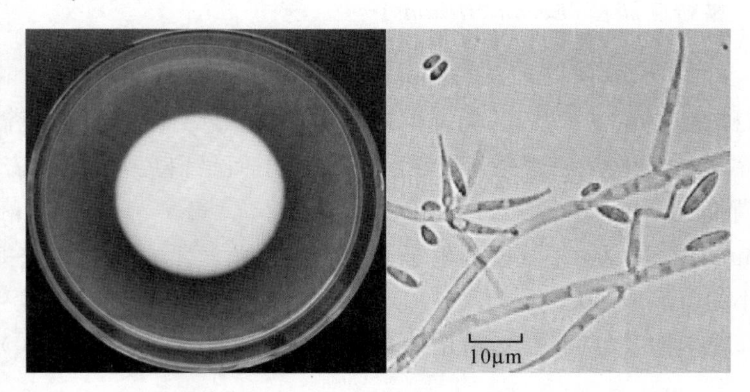

图 8-2 刀孢蜡蚧菌(菌株 ZJLP09)菌落(左)及其菌丝、瓶梗、孢子显微特征(右)

(三)蜡蚧菌属尚未定名的一个新种(*Lecanicillium* sp.)

菌株 ZJLSP07 在马铃薯葡萄糖琼脂培养基 PDA 置于 25℃恒温培养 7 天左右及光学显微镜观察，菌株生长良好，菌落正面呈白色，菌丝致密、棉絮状；背面呈浅黄色，无可见色素产生，且具放射状皱褶（图 8-3 左）；

25℃培养14天菌落直径48.58mm。瓶梗着生于匍匐状气生菌丝上，单生或对生，少数为轮生，瓶梗从基部向顶端逐渐变细，直立，大小为(12.5～28.0)μm×(0.5～1.9) μm；分生孢子单生于瓶梗顶端，壁光滑，大小不一，其中大分生孢子呈镰刀形、弯曲、末端尖锐，大小为(5.5～8.5)μm×(1.5～2.5) μm，小分生孢子呈椭圆形，大小为(3.0～4.5)μm×(1.0～2.0) μm；未见厚垣孢子(图8-3右)。

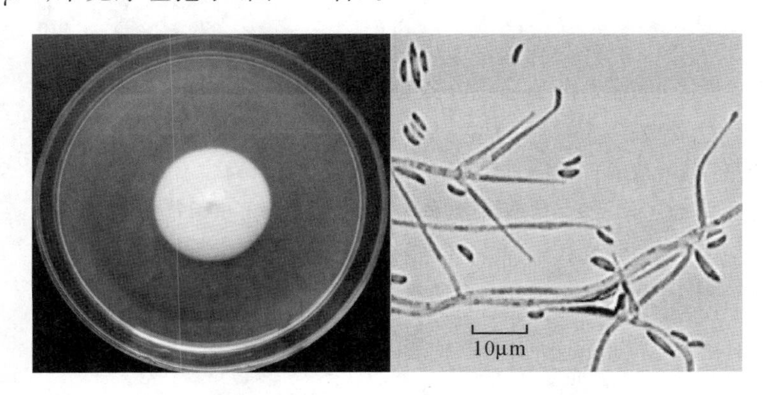

图8-3　蜡蚧菌属一个尚未定名新种菌落(左)及其菌丝、瓶梗、孢子显微特征(右)

二、曲霉属菌(*Aspergillus westerdijkiae*)

菌株GJMS032在马铃薯葡萄糖琼脂培养基PDA置于25℃恒温培养7天左右及光学显微镜观察，菌落直径可达5cm，具同心环纹(图8-4)。菌丝体为白色，分生孢子呈赭黄色，质地丝绒状，具少量无色渗出液，菌落反面为黄褐色，分生孢子头呈球形，分生孢子梗直立，孢梗茎长650～1600μm，宽10～15μm，茎壁粗糙，顶囊球形或近球形，直径25～45μm，产孢结构双层，梗基大小为(5～7)μm×(2.5～4)μm，瓶梗大小为(8～12)μm×(3～4)μm；分生孢子为球形或近球形，直径2.5～3.5μm，见图8-5。

三、淡紫紫孢菌(*Purpureocillium lilacinum*)

菌株ZJPL08在马铃薯葡萄糖琼脂培养基(PDA)置于28℃恒温培养5天左右及光学显微镜观察，菌株ZJPL08在PDA培养基生长良好，上菌

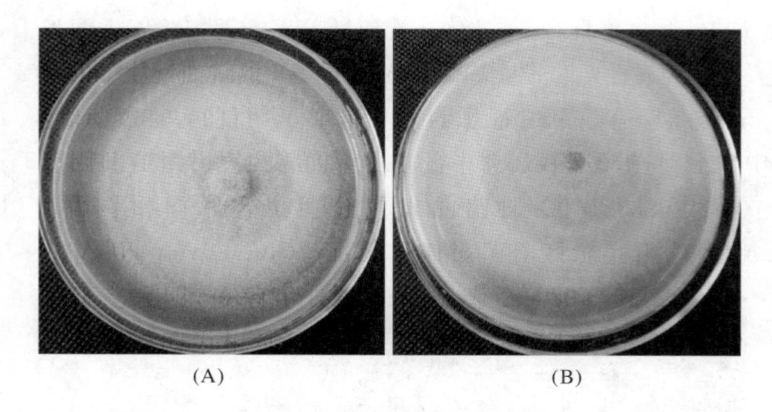

(A)培养基正面，(B)培养基反面

图 8-4　曲霉属菌(菌株 GJMS032)菌落生长特征

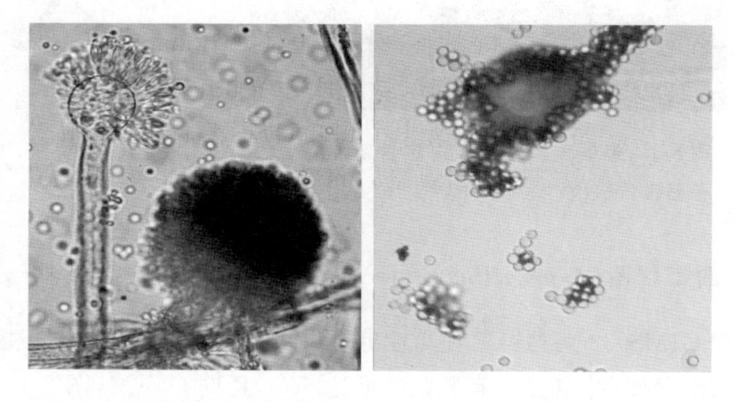

图 8-5　曲霉属菌(菌株 GJMS032)产孢结构(左)和分生孢子(右)显微特征

落呈圆形，隆起，菌丝致密，表面无分泌物。培养初期菌落颜色为白色，产孢后呈淡紫色，富生粉质状的分生孢子。随产孢量的增多，颜色逐渐加深，至培养后期，菌落颜色为深紫色(图 8-6 左)。分生孢子梗单生或聚集成孢梗束，长度为 19～35m。通常 3～5 个瓶梗着生于分生孢子梗顶部，瓶梗基部柱状或瓶状，向上变为细长管状，大小为(7.5～9)μm×(1.8～3)μm。分生孢子为单细胞，卵形或纺锤形，无色至黄色，大小为(1.5～2.8)μm×(1.3～2.5)μm，在孢子梗上呈链状排列(图 8-6 右)。

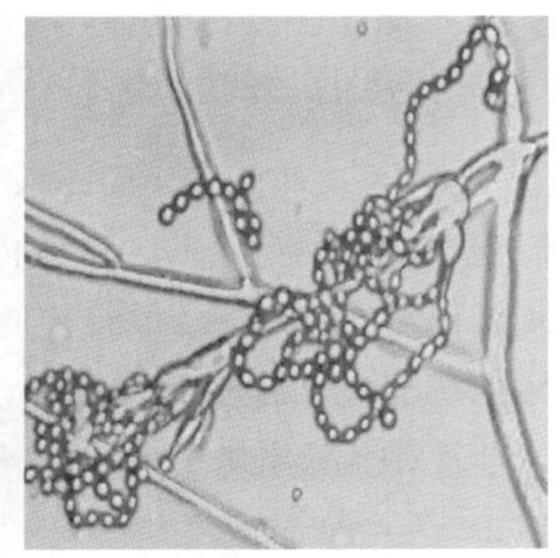

图 8-6　淡紫紫孢菌(菌株 ZJPL08)菌落(左)及其菌丝、瓶梗、孢子显微特征(右)

第三节　浙江柑橘园主要柑橘木虱致病菌生物学特性

一、蜡蚧菌属 3 菌株主要生物学特性

(一)渐狭蜡蚧菌(菌株 ZJLA08)

1. 菌株生长

渐狭蜡蚧菌株经在马铃薯葡萄糖琼脂培养基 PDA、马铃薯蔗糖琼脂培养基 PSA、萨氏葡萄糖酵母浸膏琼脂培养基 SDAY、察氏培养基 CDA、麦芽浸膏琼脂培养基 MEA、培养基 LCA 和萨氏葡萄糖琼脂培养基 SDA 上测试均可生长,适宜生长的培养基为 LCA、PDA 和 CDA。当渐狭蜡蚧菌(菌株 ZJLA08)在马铃薯葡萄糖琼脂培养基 PDA 上培养,5℃和 40℃温度条件下不生长,生长范围为 10～35℃,最适宜生长温度为 25～30℃。在 25℃下培养 14 天菌落直径 49.16mm,高于新种蜡蚧菌(菌株 ZJPL08)直径 48.58mm,但低于刀孢蜡蚧菌(菌株 ZJLP09)直径 60.77mm。光照时间长短对菌株生长无明显影响,但紫外照射对菌株生长具抑制作用,且紫外照射时间越长对菌落生长的抑制强度越大,抗紫外能力弱。紫外照射 15 分钟,菌株 ZJLA08 菌落生长受到较明显的抑制,在 PDA 上置 25℃培养的 14 天内,紫外照射 60 分钟的菌落直径一直低于无紫外照射对照。

2. 菌株产孢量

菌株在马铃薯葡萄糖液体培养基 PDB、马铃薯蔗糖琼脂液体培养基 PSB、萨氏液体培养基 SDY、察氏液体培养基 CDB、麦芽浸膏液体 MEB、萨氏葡萄糖液体培养基 SDB 和液体培养液 LCB 中测试观察,通常在接种后第 4 天出现产孢高峰,最佳产孢培养基为 SDB、SDY 和 MEB。经马铃薯葡萄糖琼脂培养基 PDA 培养,10～35℃温度条件下均可产孢,其中 25℃为最佳产孢温度,其次为 30℃和 20℃,10℃条件下产孢量最低,置于 25℃培养 10 天产孢量 5.12×10^{8} 个/mL。在全光照和光暗交替条件下的产孢量均显著高于全黑暗条件下的产孢量,说明光照对菌株的产孢量具有一定的促进作用,而在全光照和光暗交替条件下的产孢量无显著差异。紫外照射对产孢量具有抑制作用,且紫外照射时间越长对产孢的抑制强度越大,如紫外照射 60 分钟对产孢抑制率为 51.17%,抗紫外能力弱。

3. 分生孢子萌发

菌株在马铃薯葡萄糖琼脂培养基 PDA 置于不同温度处理培养,每隔 1 小时取样观察,菌株 ZJLA08 在 10～35℃温度条件下均可萌发,在 5℃和 40℃下不能萌发,孢子萌发最适温度为 25～30℃。在光学显微镜下计数 400～600 个孢子,以芽管长度超过孢子长度 1/2 为标准视为孢子萌发,统计孢子萌发个数并计算孢子萌发率,25℃适温培养 6 小时孢子萌发率 69%左右,35℃较高温度培养 6 小时孢子萌发率仅为 0.85%。光照条件在 0 小时光照/6 小时黑暗、3 小时光照/3 小时黑暗、6 小时光照/0 小时黑暗不同处理下孢子萌发率无显著差异,而紫外照射对孢子萌发存在显著抑制影响,紫外照射 60 分钟分生孢子萌发抑制率为 87.35%,较菌株 ZJLSP07 和菌株 ZJLP09 抗紫外能力最弱。湿度对分生孢子萌发也有较大影响,随湿度降低分生孢子萌发率明显下降,相对湿度 62%时相比饱和湿度条件下孢子萌发率下降了 86.21%,且孢子萌发率不足 10.00%。

(二)刀孢蜡蚧菌(菌株 ZJLP09)

1. 菌株生长

菌株在马铃薯葡萄糖琼脂培养基 PDA、马铃薯蔗糖琼脂培养基

PSA、萨氏葡萄糖酵母浸膏琼脂培养基 SDAY、察氏培养基 CDA、麦芽浸膏琼脂培养基 MEA、培养基 LCA 和萨氏葡萄糖琼脂培养基 SDA 测试均可生长，适宜生长的培养基为 LCA、PSA、PDA 和 CDA。刀孢蜡蚧菌（菌株 ZJLP09）在马铃薯葡萄糖琼脂培养基 PDA 上培养，5℃和 40℃温度条件下不生长，生长范围为 10～35℃，最适宜生长温度为 25～30℃，在 25℃下培养 14 天菌落直径 60.77mm，明显高于新种蜡蚧菌（菌株 ZJLSP07）48.58mm 和渐狭蜡蚧菌（菌株 ZJLA08）49.16mm，光照时间长短对菌株生长无明显影响，而紫外照射对其却具有抑制作用，但作用随着照射时间拉长抑制作用减弱，刀孢蜡蚧菌（菌株 ZJLP09）在 PDA 上置于 25℃培养，每个处理重复 3 次，以未经紫外灯照射为对照，结果培养的前 5 天紫外照射 60 分钟处理的菌落直径略低于无紫外照射对照组，到第 6 天两者生长状况相当，到第 7 天以后紫外照射处理的菌落生长加快，大于无紫外照射对照组，即具较强抗紫外能力。

2.菌株产孢量

菌株在马铃薯葡萄糖琼脂液体培养基 PDB、马铃薯蔗糖琼脂液体培养基 PSB、萨氏液体培养基 SDY、察氏液体培养基 CDB、麦芽浸膏汤培养基 MEB、萨氏葡萄糖琼脂液体培养基 SDB 和液体培养液 LCB 中接种培养，通常在接种后第 3 天达到产孢高峰，较菌株 ZJLSP07 和菌株 ZJLA08 早 1 天，且最大产孢量也高于菌株 ZJLSP07 和 ZJLA08，最佳产孢培养基为 SDB、PDB 和 SDY。于马铃薯葡萄糖琼脂培养基 PDA 中培养，10～35℃温度条件下均可产孢，其中 25℃为最佳产孢温度，其次为 30℃和 20℃，10℃条件下产孢量最低，置 25℃下培养 7 天产孢量达 7.65 亿个/mL，显著高于菌株 ZJLSP07 和 ZJLA08。光照条件对产孢量影响同渐狭蜡蚧菌（菌株 ZJLA08）。紫外照射 60 分钟产孢抑制率为 32.41%，抗紫外能力强。

3.分生孢子萌发

菌株在马铃薯葡萄糖琼脂培养基 PDA 置不同温度处理培养，每隔 1 小时取样观察，菌株 ZJLP09 在 5℃下不能萌发，在 10～40℃下均可萌发，最适萌发温度 25～30℃。在 25℃下培养 6 小时分生孢子萌发率为 100%，在 35℃较高温度条件下培养 6 小时萌发率也达 95.25%，远高于菌株 ZJLSP07 和菌株 ZJLA08 萌发率 1.22%和 0.85%。光照条件处理同菌株 ZJLA08 情况,对分生孢子萌发率无显著影响。紫外照射对分生孢子萌发会产生显著影响,如紫外照射 60 分钟分生孢子萌发抑制率为 78.14%,低于菌株 ZJLSP07 和菌株 ZJLA08 分生孢子萌发抑制率 81.43%和 87.35%,相对抗紫外能力最强。湿度对分生孢子萌发影响,相对湿度 62%时孢子萌发率相比饱和湿度条件下降了 77.47%,其孢子萌发率只有 22.38%,表明湿度对分生孢子萌发存在显著影响。

(三)蜡蚧菌属尚未定名的一个新种(菌株 ZJLSP07)

1.菌株生长

通过新种蜡蚧菌(菌株 ZJLSP07)在马铃薯葡萄糖琼脂培养基 PDA、马铃薯蔗糖琼脂培养基 PSA、萨氏葡萄糖酵母浸膏琼脂培养基 SDAY、察氏培养基 CDA、麦芽浸膏琼脂培养基 MEA、培养基 LCA 和萨氏葡萄糖琼脂培养基 SDA 测试均可生长,适宜生长的培养基为 LCA、CDA 和 PDA。新种蜡蚧菌(菌株 ZJLSP07)在马铃薯葡萄糖琼脂培养基 PDA 上培养菌株生长,在 5℃和 40℃温度条件下不生长,生长范围为 10～35℃,最适宜生长温度为 25～30℃,在 25℃下培养 14 天菌落直径为48.58 mm,低于渐狭蜡蚧菌(菌株 ZJLA08)49.16mm 和刀孢蜡蚧菌菌株(ZJLP09) 60.77mm。光照时间长短对菌株生长无明显影响,但紫外照射对菌株生长具抑制作用,菌株 ZJLSP07 在 PDA 培养的前 7 天紫外照射 60 分钟处理的菌落直径低于无紫外照射对照组,第 8 天两者生长相当,但第 9 天以后紫外照射处理的菌落则大于无紫外照射对照组,新种蜡蚧菌菌株中 ZJLP09 具较强抗紫外能力。

2.菌株产孢量

菌株在马铃薯葡萄糖琼脂液体培养基 PDB、马铃薯蔗糖琼脂液体培养基 PSB、萨氏液体培养基 SDY、察氏液体培养基 CDB、麦芽浸膏汤培养基 MEB、萨氏葡萄糖琼脂液体培养基 SDB 和液体培养液 LCB 中接种培养,通常在接种后第 4 天出现产孢高峰,且最大产孢量低于菌株 ZJLP09 而略高于菌株 ZJLA08,最佳产孢培养基为 SDB、SDY 和 MEB。经在马铃薯葡萄糖琼脂培养基 PDA 培养,新种蜡蚧菌菌株 ZJLSP07 在 10～

35℃温度条件下均可产孢，其中25℃为最适产孢温度，其次为30℃和20℃，在10℃条件下产孢量最低。置于25℃下菌株ZJLP09培养10天产孢量5.45亿个/mL。光照条件对产孢量影响同渐狭蜡蚧菌（菌株ZJLA08）。紫外照射60分钟产孢抑制率为38.32%，低于菌株ZJLP09而高于菌株ZJLA08，存在抗紫外能力。

3.分生孢子萌发

温度对分生孢子萌发影响同菌株ZJLA08情况，在10～35℃温度条件下均可萌发，在5℃和40℃下不能萌发，最适宜萌发温度为25～30℃。25℃培养6小时分生孢子萌发率63.00%左右，在35℃较高温度条件下培养6小时萌发率仅为1.22%。光照条件同菌株ZJLA08和菌株ZJLP09情况对孢子萌发无明显影响。紫外照射也会产生显著影响，如紫外照射60分钟对菌株ZJLSP07分生孢子萌发抑制率为81.43%，介于菌株ZJLA08和菌株ZJLP09之间，相对具有较强抗紫外能力。湿度对孢子萌发影响情况类似菌株ZJLA08，在相对湿度为62%时孢子萌发率相比饱和湿度条件下下降了84.31%，且萌发率不足10.00%，存在显著影响程度。

二、曲霉菌主要生物学特性

曲霉属（*Aspergillus*）真菌种类繁多，在世界范围内广泛分布，是引起多种物质霉腐的主要微生物之一，其中黄曲霉具有很强毒性；绿色和黑色曲霉具有很强的酶活性。黄曲霉毒素是黄曲霉和寄生曲霉的代谢产物。作为虫生真菌的曲霉菌主要寄生于多种同翅目、鳞翅目、膜翅目昆虫中。感染寄生曲霉的昆虫，体表起初长有白色菌丝，后布满黄绿色菌丝及其孢子。作为虫生真菌报道过的种类主要有黄曲霉（*Aspergillus flavus*）、寄生曲霉（*Aspergillus parasiticus*）、米曲霉（*Aspergillus oryzae*）、溜曲霉（*Aspergillus tamarii*）、赭曲霉（*Aspergillus ochraceus*）、黑曲霉（*Aspergillus niger*）和白曲霉（*Aspergillus candidus*）等。如Kodaira等从赭曲霉（*Aspergillus ochraceus*）侵染的家蚕幼虫的血液中提取的物质注入健康家蚕的体腔中能致死家蚕，从而表明毒素的存在；Robert等研究发现赭曲霉（*Aspergillus ochraceus*）在昆虫体内可产生赭曲霉素，通过体腔注射美国白蛾可使其麻痹死亡。Vega等发现赭曲霉菌

(*Aspergillus westerdijkiae*)可侵染咖啡果小蠹的寄生蜂 *Prorops nasuta*,并可产生赭曲霉素 A。值得注意的是,曲霉属真菌通常会产生多种对人体和动物有害的毒素,如赭曲霉毒素通常对肾有危害及对免疫系统有毒性,因此在植物病虫害的生物防治中应做好驱弊趋利处理。

从柑橘园柑橘木虱虫体分离出的菌株 GJMS032,为曲霉属菌(*Aspergillus Westerdijkiae*)。目前未对该菌作系统生物学特性实验分析;据同类研究表明,该菌生长温度范围为 2～30℃,最适生长温度为 15～25℃;最佳湿度为相对湿度 18%～22%;紫外线照射和超声波清洗会降低产孢子量。该菌常易产生曲霉毒素,对人体和动物潜存致害影响。

三、淡紫紫孢菌主要生物学特性

淡紫紫孢菌(*Purpureocillium lilacinum*),原名淡紫拟青霉(*Paecilomyces lilacinus*),是土壤及多种植物根系的习居菌,该菌对营养条件要求不高,不仅在能在多种常规培养基上生长,而且能在多种自然基质,如农副产品废料、废渣与植物叶片或植物浸提液中生长,是一类很有发展前途的重要生防真菌。培养观察从柑橘园柑橘木虱虫体分离获得的淡紫紫孢菌菌株 ZJPL08。

1. 菌株生长

淡紫紫孢菌菌株 ZJPL08 在马铃薯葡萄糖琼脂培养基 PDA 上生长,在 15～35℃范围均可生长良好,最适宜生长温度为 25～30℃,其菌丝生长速率明显高于 5～20℃范围及 35℃温度高温,菌落 30℃直径日均生长 0.53cm,而 10℃以下低温或 35 ℃以上高温不利于菌株生长,可致使菌丝生长缓慢,产孢量减少。但光照时间长短对菌株生长无明显影响,如光照 0 小时、12 小时及 24 小时处理,各重复 3 次,到第 12 天菌落直径分别为 6.23cm、6.25cm 及 6.32cm,无显著差异。

2. 菌株产孢量

淡紫紫孢菌菌株 ZJPL08 在马铃薯蔗糖培养基 PSA 和马铃薯葡萄糖琼脂培养基 PDA 上置于 25℃摇床培养 6 天,每隔 1 天记数 1 次,3 次重复,分生孢子平均产孢量为 4.7 亿个/mL 和 1.96 亿个/mL,显著高于萨氏培养基 SDY、改良萨氏培养基 SDAY 和麦芽浸膏培养基 EM 同置处理 0.2～1.2 亿个/mL。从系统产孢量来看，淡紫紫孢菌在培养基 PDA、PSA 接菌 1～3 天，产孢量日趋迅速增加，到第 3 天产孢达高峰，而接菌后 4～6天产孢量呈逐渐下降趋势。

3. 菌株分生孢子萌发

通过马铃薯葡萄琼脂培养基 PDA 不同温度设置培养观察及 30℃ 培养 9 小时，每隔 1 小时孢子萌发计数统计，每个处理温度设 3 次重复。结果分生孢子在 15～35℃ 条件下均能萌发，但孢子萌发适宜温度为 20～30℃；孢子在 30℃ 条件下培养 5 小时后开始萌发，第 6～9 小时孢子萌发率 99%以上。从不同温度孢子萌发率来看，30℃ 条件下孢子萌发率可达 99.5%，而 15℃ 和 35℃ 条件下萌发率较低，均不到 10%，10℃ 以下孢子未萌发。由此可见，淡紫紫孢菌孢子萌发对温度有较强的适应范围，15℃ 以下低温和 35℃ 以上高温生长困难，适宜温度为 20～30℃。

第四节　柑橘木虱致病菌的致病力

一、蜡蚧菌属 3 菌株对柑橘木虱的致病力

1. 孢子浓度

将渐狭蜡蚧菌（菌株 ZJLA08）、刀孢蜡蚧菌（菌株 ZJLP09）和蜡蚧菌属新种菌（菌株 ZJLSP07）培养采集稀释成浓度分别 1.00×10^4 个/mL、1.00×10^5 个/mL、1.00×10^6 个/mL、1.00×10^7 个/mL、1.00×10^8 个/mL 的分生孢子悬浮液进行处理，然后将健康柑橘木虱置于含 0.1%吐温－80 的分生孢子悬浮液中浸润接种，之后放于 25℃ 人工气候箱中（每天 14 h 光照/10 h 黑暗，湿度 90%以上）培养，同时设立含 0.1%吐温－80 的无菌水处理柑橘木虱为对照。每个处理设 3 次重复，每次重复为 30 头柑橘木虱。每天观察致病菌对柑橘木虱的侵染和致死情况，记录柑橘木虱死亡数目，计算死亡率和校正死亡率，所得数据通过 SAS 软件进行回归分析，得到回归方程和相关系数 r，计算致死中浓度（LC_{50}）和致死中时间（LT_{50}）。

测定结果表明(表 8-1),蜡蚧菌 3 菌株不同孢子浓度悬浮液对柑橘木虱致病力(杀伤死亡率)存在显著差异,总体致病力随孢子浓度的增大而增强,接种后第 5 天,渐狭蜡蚧菌(ZJLA08)和刀孢蜡蚧菌(ZJLP09)、蜡蚧菌属新种菌(ZJLSP07)对柑橘木虱的孢子致死中浓度(LC_{50})依次为 1.71×10^6 个/mL、3.15×10^5 个/mL 和 1.12×10^6 个/mL。孢子浓度同为 1.00×10^8 个/mL 的悬浮液处理,渐狭蜡蚧菌(ZJLA08)、刀孢蜡蚧菌(ZJLP09)和蜡蚧菌属新种菌(ZJLSP07)对柑橘木虱的致死中时间(LT_{50})分别为 3.30 天、2.98 天和 3.25 天;对柑橘木虱校正死亡率分别为 73.38%、90.3%和 78.26%。因此可见,蜡蚧菌对柑橘木虱致病力强弱依次为 ZJLP09(刀孢蜡蚧菌)>ZJLSP07(蜡蚧菌属新种菌)>ZJLA08(渐狭蜡蚧菌)。以刀孢蜡蚧菌为最强,其杀伤效果可达 90%以上。

表 8-1 蜡蚧菌 3 菌株不同孢子浓度接种 5 天后对柑橘木虱校正死亡率测定

分生孢子浓度(个/mL)处理	蜡蚧菌 3 菌株对柑橘木虱的校正死亡率/%		
	菌株 ZJLA08(渐狭蜡蚧菌)	菌株 ZJLP09(刀孢蜡蚧菌)	菌株 ZJLSP07(蜡蚧菌属新种菌)
1.00×10^4	22.33Eb	31.13Ea	22.34Eb
1.00×10^5	37.26Dc	42.36Da	38.45Db
1.00×10^6	46.65Cc	53.26Ca	48.50Cb
1.00×10^7	56.62Bc	63.17Ba	58.85Bb
1.00×10^8	73.38Ac	90.30Aa	78.26Ab

注:同列中数字后面标注不同大写字母表示在 $P<0.05$ 水平差异显著,同行中数字后面标注不同小写字母表示在 $P<0.05$ 水平差异显著。

2. 温度

将菌株 ZJLA08(渐狭蜡蚧菌)、菌株 ZJLP09(刀孢蜡蚧菌)和菌株 ZJLSP07(蜡蚧菌属新种菌)培养收集稀释成同一浓度(1.00×10^8 个/mL)的分生孢子悬浮液,并向其中加入适量的吐温-80 至终浓度为 0.1%。然后将健康柑橘木虱置其悬浮液中浸润接种,之后放于 10℃、15℃、20℃、25℃、30℃、35℃、40℃人工气候箱中(每天 14 小时光照/10 小时黑暗,湿度 90%以上)培养,且以含 0.1%吐温-80 的无菌水处理柑橘木虱为对照。每处理重3次,每次重复为30头柑橘木虱。每天观察病菌对柑橘木虱的侵染和致死情况,记录柑橘木虱死亡数目,计算死亡率和校正死亡率。

测定结果表明(表8-2),蜡蚧菌3菌株同一孢子浓度悬浮液在不同温度条件下对柑橘木虱致病力(杀伤死亡率)存在显著差异,总体致病力随温度条件的逐渐升高而呈凸性抛物型变化趋势,在10℃和40℃温度条件下接种8天后仍未观察到柑橘木虱有虫体死亡;在15~25℃温度范围内三种蜡蚧菌的致病力随温度升高而增强。当温度高于25℃后三种蜡蚧菌的致病力随温度升高而降低,其中25℃为蜡蚧菌侵染柑橘木虱的最佳温度,其次为20℃和30℃。在相同温度条件下,三种蜡蚧菌对柑橘木虱致病力以刀孢蜡蚧菌(菌株ZJLP09)为最强,其次为蜡蚧菌属新种菌(菌株ZJLSP07),渐狭蜡蚧菌(菌株ZJLA08)为最低。在25℃条件下对柑橘木虱的校正死亡率达100%,刀孢蜡蚧菌(菌株ZJLP09)接种后需6天,而蜡蚧菌属新种菌(菌株ZJLSP07)和渐狭蜡蚧菌(菌株ZJLA08)则需7天。在15℃相对低温条件和35℃相对高温下,刀孢蜡蚧菌(菌株ZJLP09)对柑橘木虱仍有30%和40%以上的致死率,表明刀孢蜡蚧菌(菌株ZJLP09)较其他两种蜡蚧菌更具适应低温和高温的能力。

表8-2 蜡蚧菌3菌株不同温度下接种5天后对柑橘木虱校正死亡率测定

同一孢子浓度(1.00×10^8 个/mL)不同温度处理	蜡蚧菌3菌株对柑橘木虱的校正死亡率/%		
	菌株ZJLA08(渐狭蜡蚧菌)	菌株ZJLP09(刀孢蜡蚧菌)	菌株ZJLSP07(蜡蚧菌属新种菌)
15℃	23.25Dc	40.42DA	28.42Db
20℃	63.28Bc	78.83Ba	69.35Bb
25℃	73.38Ac	90.30Aa	78.26Ab
30℃	57.42Cc	73.25 Ca	63.33Cb
35℃	8.35 Ec	33.48Ea	12.45Eb

注:同列中数字后面标注不同大写字母表示在 $P<0.05$ 水平差异显著,同行中数字后面标注不同小写字母表示在 $P<0.05$ 水平差异显著。

3. 湿度

采用温度同样测定方法,将菌株ZJLA08(渐狭蜡蚧菌)、菌株ZJLP09(刀孢蜡蚧菌)和菌株ZJLSP07(蜡蚧菌属新种菌)培养收集稀释成同一浓度（1.0×10^8个/mL）的分生孢子悬浮液，并向其中加入适量的吐温－80至终浓度为0.1%。然后将健康柑橘木虱置其悬浮液中浸润接种，之后放于相对湿度为40%、50%、60%、70%、80%和>90%的人工气候箱中（温度25℃，每天14小时光照/10小时黑暗）培养，且以含0.1%吐温－80的无菌水处理柑橘木虱为对照。每个处理重复3次，每次重复为30头柑橘木虱。每天观察病菌对柑橘木虱的侵染和致死情况，记录柑橘木虱死亡数目，计算死亡率和校正死亡率。

测定结果表明（表8-3），蜡蚧菌3菌株同一孢子浓度悬浮液在同一温度而不同湿度条件对柑橘木虱致病力（杀伤死亡率）存在显著差异，总体致病力随湿度的增大而增强。在相对湿度大于90%条件下，渐狭蜡蚧菌（菌株ZJLA08）和蜡蚧菌属新种菌（菌株ZJLSP07）在接种后第7天柑橘木虱校正死亡率100%，而刀孢蜡蚧菌（菌株ZJLP09）仅在接种后第6天校正死亡率100%。在相对湿度80%条件下渐狭蜡蚧菌（菌株ZJLA08）、刀孢蜡蚧菌（菌株ZJLP09）、蜡蚧菌属新种菌（菌株ZJLSP07）三种蜡蚧菌接种8天后，柑橘木虱校正死亡率分别为85.54%、95.55%和82.23%；在相对湿度为50%的条件下接种8天后，三种蜡蚧菌柑橘木虱的校正死亡率则依次仅为26.68%、32.80%和22.58%。说明湿度越高，越有利于真菌对柑橘木虱的侵染；同样在不同湿度条件下以刀孢蜡蚧菌（菌株ZJLP09）杀伤力最强。

表8-3　蜡蚧菌3菌株不同湿度条件下接种5天后对柑橘木虱校正死亡率测定

同一孢子浓度（1.00×10^8个/mL）同一温度（25℃）不同湿度处理	蜡蚧菌3菌株对柑橘木虱的校正死亡率/%		
	菌株ZJLA08（渐狭蜡蚧菌）	菌株ZJLP09（刀孢蜡蚧菌）	菌株ZJLSP07（蜡蚧菌属新种菌）
50% RH	5.05Ec	14.35Ea	7.45Eb
60% RH	16.46Dc	30.06DA	21.34db
70% RH	40.05Cc	51.27Ca	42.33Cb
80% RH	53.20Bc	70.35Ba	56.62Bb
>90% RH	73.38Ac	90.30Aa	78.26Ab

注：试验在1.00×10^8个/mL的孢子悬浮液接种5天后不同湿度条件下进行，表列中数字后面标注不同大写字母表示在$P<0.05$水平差异显著，同行中数字后面标注不同小写字母表示在$P<0.05$水平差异显著。

4.温室条件

取健康柑橘木虱放于养虫笼内的盆栽九里香幼苗上(1个养虫笼内放置1株九里香幼苗,1株九里香幼苗上投30头柑橘木虱,设5个重复),按前述实验室操作制备含0.1%吐温-80的浓度为1.00×10^8个/mL的菌株的分生孢子悬浮液,通过小型喷雾器对九里香上的柑橘木虱均匀喷雾,至昆虫体表完全湿润。另以含0.1%吐温-80的无菌水处理柑橘木虱为对照。处理完毕后,将养虫笼放入玻璃温室内,控制温室内温度为25～30℃,湿度为90%以上,每天14小时光照/10小时黑暗。处理后第3天、第6天和第9天观察柑橘木虱的总虫数和死亡虫数,计算死亡率和校正死亡率。

结果表明,在室内温度为25～30℃,湿度90%以上,每天14小时光照/10小时黑暗的温室条件下,以浓度为1.00×10^8个/mL分生孢子悬浮液处理柑橘木虱。在处理后第3天,蜡蚧菌属新种菌(ZJLSP07)、渐狭蜡蚧菌(ZJLA08)和刀孢蜡蚧菌(ZJLP09)对柑橘木虱校正死亡率分别为32.65%、31.33%和34.67%。在处理后第6天蜡蚧菌属新种菌(ZJLSP07)、渐狭蜡蚧菌(ZJLA08)和刀孢蜡蚧菌(ZJLP09)对柑橘木虱的校正死亡率分别为69.60%、65.48%和78.82%。处理后第9天,蜡蚧菌属新种菌(ZJLSP07)、渐狭蜡蚧菌(ZJLA08)和刀孢蜡蚧菌(ZJLP09)对柑橘木虱的校正死亡率分别为100%、92.55%和100%。由此可见三种蜡蚧菌对柑橘木虱致病力强弱依次为刀孢蜡蚧菌(ZJLP09)>蜡蚧菌属新种菌(ZJLSP07)>渐狭蜡蚧菌(ZJLA08),与实验室内测定结果一致。

二、曲霉属真菌对柑橘木虱的致病力

采用曲霉属菌(菌株GJMS032)浓度为1.00×10^9个/mL的分生孢子悬浮液处理柑橘木虱,处理后3天柑橘木虱的校正死亡率38.5%,处理后7天柑橘木虱校正死亡率98.0%。通过体视镜观察,在处理后第2天即可在一些虫体表面观察到菌丝长出,至7天以后肉眼可见曲霉属菌的产孢结构(图8-7)。表明曲霉属菌对柑橘木虱具较强的致病致死能力。

(A)健康柑橘木虱;(B)菌株 GJMS032 侵染后的柑橘木虱。

图 8-7　曲霉属菌(菌株 GJMS032)对柑橘木虱的侵染情况

三、淡紫紫孢菌对柑橘木虱的致病力

通过菌株 ZJPL08(淡紫紫孢菌)以无菌水洗脱 PDA(马铃薯葡萄琼脂培养基)平板上培养的分生孢子及制备的分生孢子悬浮液,通过血球计数板计数确定孢子浓度后,以无菌水进行适当稀释,获得分生孢子浓度分别为 1.00×10^{8} 个/mL、1.00×10^{7} 个/mL、1.00×10^{6} 个/mL、1.00×10^{5} 个/mL、1.00×10^{4} 个/mL 浓度的悬浮液,然后将健康柑橘木虱置于含 0.1%吐温－80 悬浮液浸润处理后放于 28℃人工气候箱中培养,同时设含 0.1%吐温－80 的无菌水处理柑橘木虱为对照。每个处理 3 次重复,每次重复为 30 头柑橘木虱。每天观察致病菌对柑橘木虱的侵染和致死情况,记录柑橘木虱死亡数目,计算死亡率和校正死亡率,死亡率＝[(总虫数－存活虫数)/总虫数]×100%,校正死亡率＝[(处理死亡率－对照死亡率)/(1－对照死亡率)]×100%。所得数据通过 SAS9.1 软件进行回归分析,得到回归方程和相关系数 r,计算致死中浓度(LC_{50})和致死中时间(LT_{50})。测定结果表明,淡紫紫孢菌(菌株 ZJPL08)的分生孢子悬浮液浓度越高,对柑橘木虱的致病效果越好(表 8-4和表 8-5)。在同一浓度条件下,接种后培养时间越长,柑橘木虱的死亡率越高。接种后各时间段的 LC_{50} 表现出明显差异,如接种后第 3 天,LC_{50} 为 5.77×10^{9} 个/mL,第 7 天则仅为 2.20×10^{4} 个/mL。分生孢子悬浮液浓度越高，菌株 ZJPL08(淡紫紫孢菌)对柑橘木虱的 LT_{50} 也越短，如浓度为 1.00×10^4 个/mL 的分生孢子悬浮液对柑橘木虱的 LT_{50} 为 7.15 天，而浓度为 1.00×10^8 个/mL 的孢子悬浮液的 LT_{50} 仅为 3.1 天，以该浓度孢子悬浮液处理的柑橘木虱在培养后第 6 天死亡率近 100%。

表 8-4 菌株 ZJPL08(淡紫紫孢菌)对柑橘木虱的致死中浓度(LC_{50})

时间/天	回归方程	相关系数 r	LC_{50}/(个·mL^{-1})	LC_{50} 对数值±SE
2	$y=2.135+0.268x$	0.9955	4.98×10^{10}	10.70±0.01
3	$y=2.437+0.263x$	0.9988	5.77×10^{9}	9.76±0.01
4	$y=2.771+0.298x$	0.9862	3.04×10^{7}	7.48±0.03
5	$y=2.932+0.372x$	0.9634	3.64×10^{5}	5.56±0.06
6	$y=2.480+0.523x$	0.9470	6.63×10^{4}	4.82±0.10
7	$y=1.960+0.700x$	0.9345	2.20×10^{4}	4.34±0.15
8	$y=2.180+0.765x$	0.9593	4.86×10^{3}	3.69±0.13

通常情况下，菌株的分生孢子浓度越高，在昆虫体表吸附、萌发和侵染的孢子数量则越多，对寄主的致病效果则越强。淡紫紫孢菌菌株 ZJPL08(淡紫紫孢菌)的 1.00×10^9 个/mL 的分生孢子悬浮液远高于 1.00×10^9 个/mL的悬浮液对柑橘木虱的致死率。此外，一株生防菌对某种害虫的田间防治效果，通常还与菌株的生长速度、产孢量、孢子萌发率具有相关性。因此，一株具有良好应用前景的生防菌，需要尽量具备产孢量大、孢子萌发率高、菌丝生长速率快，对寄主致病性强，对人畜安全等优良性状。

表 8-5 菌株 ZJPL08(淡紫紫孢菌)对柑橘木虱的致死中时间(LT_{50})

浓度/(个·mL^{-1})	回归方程	相关系数 r	LT_{50}/天	LT_{50} 对数值±SE
1.0×10^4	$y=1.934+3.589x$	0.9905	7.15	0.85±0.22
1.0×10^5	$y=2.111+3.863x$	0.9854	5.59	0.75±0.30
1.0×10^6	$y=2.190+4.278x$	0.9784	4.54	0.66±0.40
1.0×10^7	$y=1.693+5.731x$	0.9215	3.78	0.58±1.08
1.0×10^8	$y=1.634+6.843x$	0.9583	3.10	0.49±0.91

第五节　柑橘木虱致病菌侵染过程及其控制效果

一、昆虫致病真菌(虫生真菌)的致病机理

昆虫致病真菌(虫生真菌),不同于昆虫致病细菌和病毒,是通过昆虫表皮主动入侵进入寄主体内,经过一系列的寄生生活活动而杀死昆虫。昆虫病原真菌侵染寄主的复杂过程主要可分为三个阶段:体表附着阶段、体壁穿透阶段和体内定殖及致死阶段,整个过程涉及寄主识别、机械破坏、营养竞争、代谢干扰、毒素分泌及寄主组织结构破坏等等。这些多因子作用,最终导致寄主死亡。

二、柑橘木虱致病菌对柑橘木虱的侵染过程

(一)蜡蚧菌属菌对柑橘木虱的侵染过程

经体视显微镜下观察,蜡蚧菌属3株菌株(渐狭蜡蚧菌菌株ZJLA08、刀孢蜡蚧菌菌株ZJLP09和蜡蚧菌属新种菌菌株ZJLSP07)对柑橘木虱具有相似的侵染过程,致病菌侵染以后通常表现为菌丝在寄主体表生长、寄主死亡和菌丝在寄主体表大量繁殖等现象,但三种菌株症状表现的时间存在差异,其中刀孢蜡蚧菌菌株ZJLP09和蜡蚧菌属尚新种菌菌株ZJLSP07在接种培养40小时左右即可观察到柑橘木虱死亡,而渐狭蜡蚧菌菌株ZJLA08接种的柑橘木虱通常在48小时始有死亡;图8-8显示,图8-8A为健康柑橘木虱;图8-8B为刀孢蜡蚧菌菌株ZJLP09接种柑橘木虱后24小时左右,在体视显微镜下观察到柑橘木虱腹部末端的肛门、生殖器等部位有白色菌丝长出,此时柑橘木虱活动仍较为正常;图8-8C为刀孢蜡蚧菌菌株ZJLP09接种后36小时,柑橘木虱除腹部末端外,其头部、胸部背面、翅下和腹部背面都长出白色菌丝,此时虫体反应明显迟钝、行动迟缓;图8-8D为刀孢蜡蚧菌菌株ZJLP09接种48小时,柑橘木虱虫体各部位长出大量白色菌丝,此时柑橘木虱死亡;图8-8E和图8-8F为刀孢蜡蚧菌菌株ZJLP09接种72小时和接种96小时情况,菌丝在虫体中不断

生长，最后致密的白色菌丝完全将虫体覆盖。

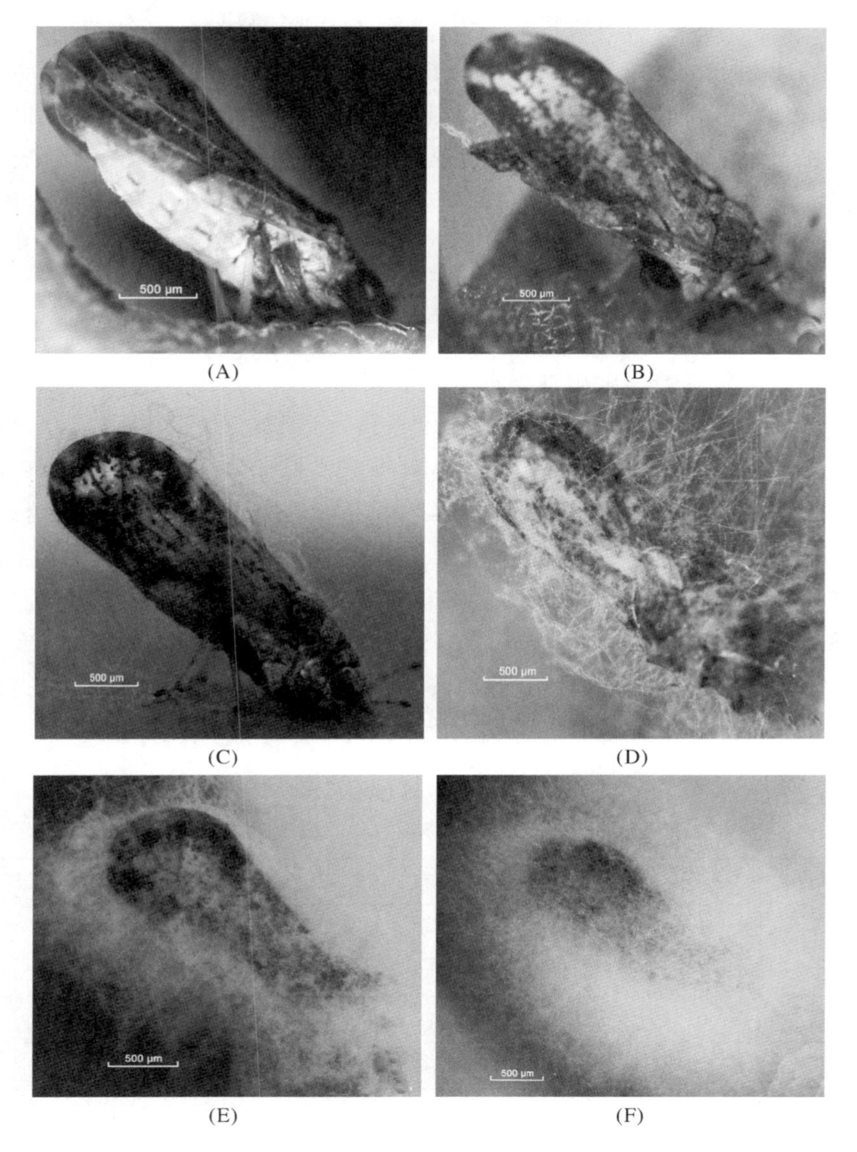

图 8-8　体视镜下观察刀孢蜡蚧菌(菌株 ZJLP09)对柑橘木虱的侵染过程

（二）淡紫紫孢菌（菌株 ZJPL08）对柑橘木虱的侵染过程

图 8-9 显示，图 8-9A 为健康柑橘木虱；图 8-9B 为淡紫紫孢菌（菌株

ZJPL08)接种柑橘木虱1天情况，在体视显微镜下可观察到柑橘木虱活动基本正常；图8-9C为淡紫紫孢菌(菌株ZJPL08)接种2天情况，柑橘木虱头部、胸部、翅下和腹部及末端都长出白色菌丝，虫体基本处于无反应状态；图8-9D为淡紫紫孢菌(菌株ZJPL08)接种3天情况，柑橘木虱虫体全身长出大量白色菌丝，虫体处于死亡状态。图8-9E和图8-9F为淡紫紫孢菌(菌株ZJPL08)接种4天和接种5天情况，菌丝在虫体全面生长，最后致密的白色菌丝完全将虫体覆盖。

三、柑橘木虱致病菌制剂对柑橘木虱的防控效果

(一)淡紫紫孢菌可湿性粉剂毒力测定

从表8-6和表8-7可以看出，淡紫紫孢菌(菌株ZJPL08)可湿性粉剂稀释浓度越低(分生孢子浓度越高)，对柑橘木虱的致病效果越好。在同一稀释浓度条件下，喷洒接种后培养时间越长，柑橘木虱的死亡率越高。喷洒接种后各时间段的LC_{50}表现出明显差异，接种后第3天，LC_{50}为2.77×10^7个/mL，第7天则仅为2.10×10^6个/mL。分生孢子悬浮液浓度越高，淡紫紫孢菌(菌株ZJPL08)对柑橘木虱的LT_{50}也越短，浓度为1.49×10^6个/mL的分生孢子悬浮液对柑橘木虱的LT_{50}为3.92天，而浓度为1.19×10^8个/mL的孢子悬浮液的LT_{50}仅为2.6天。

表8-6 淡紫紫孢菌(菌株ZJPL08)可湿性粉剂对柑橘木虱的致死中浓度(LC_{50})测定

时间/d	回归方程	相关系数 r	LC_{50}/(个·mL^{-1})	LC_{50}对数值(±SE)
3	$y=1.0135x-2.5443$	0.98456	2.77×10^7	7.44±0.03
4	$y=1.3169x-4.2427$	0.9653	1.04×10^7	7.02±0.02
5	$y=0.9261x-1.0923$	0.9526	3.79×10^6	6.58±0.03
6	$y=1.5021x-5.206$	0.9231	6.20×10^6	6.79±0.05
7	$y=1.5376x-4.7218$	0.6577	2.10×10^6	6.32±0.08

通常情况下，菌粉制剂中润湿剂、载体、分散剂等助剂的添加，可以增强菌株的防治效果和延长贮藏期，其防效的增强可能是因为助剂的添加更利于分生孢子在昆虫体表吸附、萌发，孢子数量越多，对寄主的致病效果则越强。

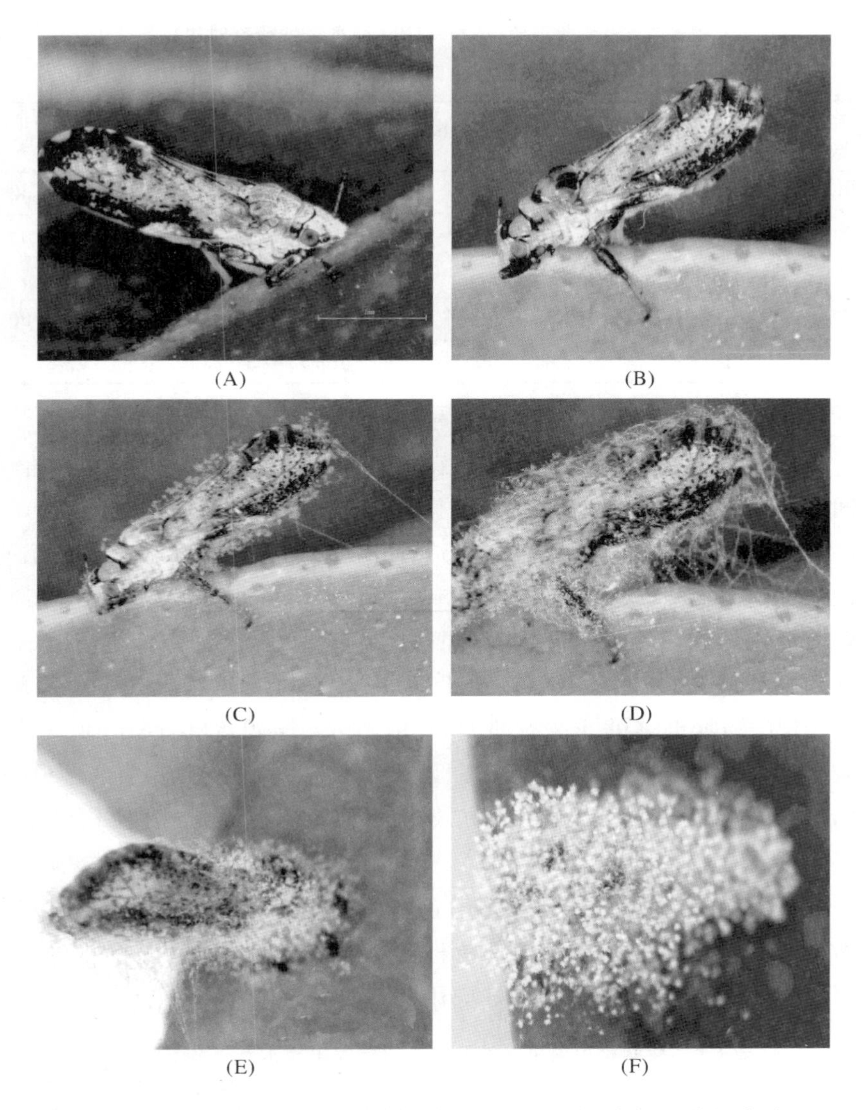

图 8-9　体视镜下观察淡紫紫孢菌(菌株 ZJPL08)对柑橘木虱的侵染过程

表 8-7 淡紫紫孢菌(菌株 ZJPL08)可湿性粉剂对柑橘木虱的致死中时间(LT_{50})测定

稀释倍数	浓度/(个·mL^{-1})	回归方程	相关系数 r	LT_{50}/d	LT_{50}对数值(±SE)
2000	1.49×10^6	$y=3.6588x+2.8301$	0.938	3.92	0.59±0.32
1500	1.99×10^6	$y=3.1564x+3.5054$	0.9336	2.98	0.47±0.30
1000	2.98×10^7	$y=7.5455x+1.1620$	0.6229	3.23	0.51±0.30
500	5.96×10^7	$y=8.0772x+1.0310$	0.7738	3.10	0.49±0.90
250	1.19×10^8	$y=6.7355x+2.2020$	0.7167	2.60	0.42±0.57

(二)淡紫紫孢菌可湿性粉剂对柑橘木虱防控效果

表 8-8 显示,10%淡紫紫孢菌(菌株 ZJPL08)可湿性粉剂 1000 倍在田间实验中对柑橘木虱有较好防效作用,施药后 3 天的防效为 67.40%,较 24.5%阿维矿物油 1500 倍 98.25%的防效低,但与 10%吡虫啉可湿性粉剂 2000 倍的 78.26%防效、30%烯啶虫胺可溶液剂 4500 倍的 61.54%防效差异不明显。施药后 7 天持续性评价,淡紫紫孢菌(菌株 ZJPL08)可湿性粉剂持效防效为 89.69%,虽低于 24.5%阿维矿物油 1500 倍防效 100%和 10%吡虫啉可湿性粉剂 2000 倍防效 97.50%,但高于 30%烯啶虫胺可溶性液剂 4500 倍防效 61.54%;到施药后 15 天淡紫紫孢菌(菌株 ZJPL08)可湿性粉剂持效防效防效上升为 92.30%,与两种化学农药 24.5%阿维矿物油 1500 倍防效 97.89%和 10%吡虫啉可湿性粉剂 2000 倍防效 94.78%无显著差异,而显著高于 30%烯啶虫胺可溶性液剂 4500 倍防效 58.00%。综合表明淡紫紫孢菌(菌株 ZJPL08)可湿性粉剂对柑橘园柑橘木虱生物控制具有良好应用前景。

表 8-8 淡紫紫孢菌可湿性粉剂对柑橘园柑橘木虱防治效测定

药剂处理	虫口基数	药后 3 天防效/%	药后 7 天防效/%	药后 15 天防效/%
24.5%阿维矿物油 1500 倍	57	98.25	100	97.89
10%吡虫啉 WP2000 倍	23	78.26	97.50	94.78
30%烯啶虫胺 SL4500 倍	20	45.00	61.54	58.00
10%淡紫紫孢菌 WP1500 倍	38	67.40	89.69	92.30

第九章　柑橘黄龙病持续控制技术应用及其效果评价

第一节　柑橘黄龙病持续防控技术应用效果分析

柑橘黄龙病是介体昆虫柑橘木虱携菌传染扩散发生的全株性病害，从感染到显症时间跨度较长，且不同品种潜伏期差异较大，难以像常规病害一样进行防控效果测定。本黄龙病控制效果评估，采取以自然感染果园当年黄龙病新发病率为对照进行(第五章第二节)，即以单项、多项、综合防控技术应用区域年度黄龙病普查的发病率与对应自然感染果园发病率对照评估控制效果。因防控技术推广应用区初诊第1年存在漏查情况，故初始发病率以普查或调查的第2年发病率进行评估。其评估计算公式为 $E=[1-(T\times C_0)/(C\times T_0)]\times 100\%$，式中 E 为控制效果(%)，T 为防控区年度普查发病率(%)，T_0 为防控区初始发病率(%)，C 为对照区不防控发病率即自然感染果园年度调查的当年新发病率(%)，C_0 为不防控对照区即自然感染果园初始发病率(%)。

一、防治介体昆虫柑橘木虱单项技术措施及其控制效果

根据台州市黄岩区对院桥、沙埠、高桥3镇的调查，柑橘生产着重围绕治虫防病单项技术措施对柑橘黄龙病进行防控，每年在果园主要枝梢初梢生长期治虱防病单项措施防控，全年重点在春梢期、夏梢期、秋梢期

和晚秋梢期应用吡虫啉或噻嗪酮做3～5次兼治或专治的柑橘木虱防治，2002—2016年柑橘黄龙病普查结果见表9-1。表9-1显示，坚持柑橘木虱单项治虫防病技术措施，对持续控制柑橘黄龙病扩散流行具有60%左右的平均防控效果，高的年份也可达80%～95%防控效果，但不同年度之间不稳定，主要在于柑橘木虱防治的对症性、长效性和防治质量的不平衡性。因此，坚持柑橘木虱治虫防病单项技术措施，对持续控制柑橘黄龙病发病流行虽具有良好控制效果，但难以得到全面有效彻底防控。

表9-1　坚持防治柑橘木虱(治虫防病)单项技术措施控制效果

年份	坚持治虫防病单项防控技术措施			自然感染果园发病率对照(CK)			持续控制效果/%
	种植数/株	发病数/株	当年病株率/%	调查数/株	发病数/株	当年病株率均值/%	
2002	1861917	8510	0.46	135	2	1.48	—
2003	1853407	83422	4.50	135	4	2.96	—
2004	1797699	145332	8.08	135	4	2.96	−79.38
2005	1742734	172743	9.91	135	13	9.63	32.31
2006	1687733	134661	7.98	135	14	10.37	49.38
2007	1656529	139473	8.42	131	19	14.50	61.81
2008	1629999	83696	5.13	129	10	7.75	56.47
2009	1537543	74089	4.82	128	14	10.94	71.01
2010	1488360	51176	3.44	128	11	8.59	73.67
2011	1405798	35886	2.55	112	10	8.93	81.21
2012	1357572	31350	2.31	103	12	11.65	86.96
2013	1238250	16389	1.32	98	3	3.06	71.64
2014	1127393	9986	0.89	88	2	2.27	74.24
2015	1101734	4653	0.42	83	5	6.02	95.41
2016	1101630	4644	0.42	73	6	8.22	96.64
平均	1534762	70812	4.30	117	8.60	7.29	59.34

二、挖除病树、治虫防病和种苗管治综合防控技术措施及其控制效果

根据对台州市黄岩区北城、南城、澄江等3个街道黄岩蜜橘主产区的调查，自2002年初次确认柑橘黄龙病入侵以来坚持病树挖除、治虫防病和种苗管治综合防控措施，特别注重柑橘黄龙病病树普查与彻底挖除，柑橘春、夏、秋季三梢期的柑橘木虱防治，推广健身栽培和橘园精细管理，即坚持彻查彻挖病树，严格执行种苗和接穗检病管理，种植或补植无病种苗，严限高接换种；推行柑橘木虱监测防治与春、夏、秋季“三梢”期集中防治；推广肥水、控梢、病虫防治等健身栽培技术，持续有效将整体发病率控制在1%以下。2002—2016年普查结果见表9-2。从表9-2可知，坚持“挖治管”综合防控技术措施，对持续控制柑橘黄龙病扩散流行具有良好效果，尤其第6—11年控制效果持续保持在80%～90%之间，此后受坚持防控措施落实有所放松之影响而控制效果有所下降，总体坚持15年综合防控技术推广应用平均持续控制效果72.78%（−8.09%～94.98%），较坚持防治柑橘木虱单项措施平均控制效果增加13个百分点。因此，只要坚持柑橘黄龙病综合防控措施落实，坚持做好各个环节防控工作，其综合防控效果可达80%以上，柑橘黄龙病是可防可控的，可将果园发病率控制在不足以扩散流行水平（发病率1%以下）或基本扑灭目标。

表9-2　坚持病树挖除及治虫防病和种苗管治综合防控技术措施控制效果

年份	坚持病树挖除及治虫防病和种苗管治综合防控技术措施			自然感染果园发病率对照（CK）			持续控制效果/%
	当年病株率/%	种植数/株	发病数/株	当年病株率/%	调查数/株	发病数/株	
2002	1235432	296	0.02	135	2	1.48	—
2003	1235136	7572	0.61	135	4	2.96	—
2004	1227564	8136	0.66	135	4	2.96	−8.09
2005	1219428	5746	0.47	135	13	9.63	76.32
2006	1213682	7518	0.62	135	14	10.37	70.99
2007	1206164	1865	0.15	131	19	14.50	94.98

续　表

年份	坚持病树挖除及治虫防病和种苗管治综合防控技术措施			自然感染果园发病率对照(CK)			持续控制效果/%
	当年病株率/%	种植数/株	发病数/株	当年病株率/%	调查数/株	发病数/株	
2008	1204299	2642	0.22	129	10	7.75	86.23
2009	1201657	6786	0.56	128	14	10.94	75.16
2010	1194871	4175	0.35	128	11	8.59	80.24
2011	1190696	2616	0.22	112	10	8.93	88.04
2012	1188080	2193	0.18	103	12	11.65	92.50
2013	1185887	2592	0.22	98	3	3.06	65.13
2014	1183295	2257	0.19	88	2	2.27	59.43
2015	1180038	3161	0.27	83	5	6.02	78.25
2016	1180000	2570	0.22	73	6	8.22	87.01
平均	1203082	4008	0.33	117	8.60	7.29	72.78

三、柑橘黄龙病“三防五关”防控技术措施及其控制效果

根据对中国无核蜜橘之乡——临海市柑橘主产区涌泉镇调查，全镇柑橘种植面积2867hm^2，分布于39个行政村，有436家柑橘专业合作社，人均拥有柑橘种植数量60～70株，年总产量6.65万吨。自2004年监测发现柑橘黄龙病入侵以来，2005年开始制作推广柑橘黄龙病综合防控模式图，并以CD科教片全面宣传推广，创新“一挖两治”，即及时挖除病树阻断菌源，强化种苗和接穗管治及柑橘木虱防治阻断扩散链，和“三防五关”，即春防：春季清园和严控从病区采入接穗高接换种；夏防：夏梢柑橘木虱防治；秋冬防：秋梢柑橘木虱防治和病树彻底查挖。狠抓种苗检疫关、治虫防病关、监测普查关、病源清除关和健身控病关立体式防控。围绕“一挖两治”和“三防五关”，每年坚持以责任防控为主线，建立镇、村、社、园防控指挥体系，完善群防群控新机制，保障防控措施全面落实，促进柑橘黄龙病持续有效防控，推动柑橘优势产业健康持续发展。2004—2015年系统监测普查结果(表9-3)显示，全镇柑橘黄龙病发病率持续控

制在0.1%以下，其持续控制效果除2015年、2016年为86%和88%外，2007—2014年持续控制效果都在95%以上，总体坚持13年立体防控平均持续控制效果90.02%(41.15%～98.24%)，较综合防控区提效17个百分点，较柑橘木虱防治单项措施区增效30个百分点。由此可见，坚持以“一挖两治”为主体的“三防五关”立体式防控，柑橘黄龙病基本得到有效控制。实践证明只要坚持立体式综合防控，柑橘黄龙病就能得到持续有效甚至彻底控制。

表9-3 坚持柑橘黄龙病“三防五关”立体式防控效果分析表

黄龙病入侵年序	坚持“三防五关”立体式综合防控措施				自然感染果园发病率对照(CK)				控制效果/%
	种植面积/hm^2	监测普查年度	发病数/株	当年病株率/%	试验数/株	试验调查年度	发病数/株	当年病株率/%	
1	31710	2004	171	0.0088	135	2002	2	1.48	—
2	32530	2005	1531	0.0735	135	2003	4	2.96	—
3	34710	2006	901	0.0433	135	2004	4	2.96	41.15
4	34710	2007	219	0.0105	135	2005	13	9.63	95.61
5	34710	2008	209	0.0106	135	2006	14	10.37	95.88
6	32909	2009	155	0.0078	131	2007	19	14.50	97.83
7	32909	2010	174	0.0088	129	2008	10	7.75	95.43
8	32909	2011	202	0.0102	128	2009	14	10.94	96.24
9	32909	2012	101	0.0039	128	2010	11	8.59	98.17
10	43000	2013	100	0.0039	112	2011	10	8.93	98.24
11	43000	2014	190	0.0074	103	2012	12	11.65	97.44
12	43000	2015	230	0.0107	98	2013	3	3.06	85.92
13	43000	2016	200	0.0066	88	2014	2	2.27	88.30
平均	36308	——	337	0.0158	122	——	9.08	7.32	90.02

注：由于本示范区黄龙病初始发病年度与自然感染果园对照对应初始发病年度不同步，其控制效果以示范区初始发病年序与自然感染果园对照对应初始年序的发病率进行计算。

第二节　柑橘黄龙病发生情况普查与防控效果分析

一、台州黄龙病发生普查及防控效果分析

根据台州市历年黄龙病普查情况分析，台州所辖临海、温岭、玉环、三门、仙居、天台 6 县市及椒江、黄岩、路桥 3 区，柑橘种植面积 3 万 hm^2，是浙江重要柑橘产区之一，针对柑橘黄龙病病原生物特性、介体昆虫种群数量消长规律、柑橘黄龙病发病流行规律、黄龙成灾发生要素及其灾变原理，创建了以“一控两治”为核心的“三防五关”持续防控技术体系。15 年应用实践(表 9-4)显示，“5+1”推广模式示范推广有效促成柑橘黄龙病综合防控升级及其示范推广，促进柑橘黄龙病防控措施落实到位，有效遏制柑橘黄龙病扩散流行为害趋势，2008—2016 年持续 9 年将全市柑橘黄龙病发病率控制在 1%以下，其中 2011—2016 年持续 6 年将全市柑橘黄龙病发病率控制在 0.5%以下，达到了持续有效控制或基本扑灭目标。经过 15 年全面持续普查分析，台州柑橘黄龙病持续控制效果平均保持在 83.87%(2.97%~98.57%)，尤其是 2007—2016 年持续保持控制效果在 92%以上，推动了柑橘优势产业恢复性增长，保障了柑橘产业持续健康发展，取得了显著成效。

表 9-4 台州市柑桔黄龙病普查与防控效果

年度	种植面积/hm^2	台州各县市区历年普查柑桔黄龙病病树数/株										全市发病率/%	对照发病率/%	防控效果/%
		椒江	黄岩	路桥	临海	温岭	玉环	天台	三门	仙居	合计			
2002	32449	0	18510	3120	0	215112	354568	0	0	2	591312	2.02	1.48	—
2003	31826	152	113115	5097	0	179692	180676	0	0	9682	488414	1.71	2.96	57.67
2004	31417	13603	312105	11373	5032	560877	199455	189	4257	2423	1109314	3.92	2.96	2.97
2005	32169	30685	356384	15554	10126	216701	315104	383	3058	610	948605	3.28	9.63	75.04
2006	30664	20403	304996	9878	12683	146406	34918	356	2931	493	533064	1.93	10.37	86.36
2007	30713	9308	258613	6298	12266	124374	12981	287	2319	324	426770	1.54	14.5	92.22
2008	30999	7785	191265	3593	11240	27500	16725	170	1825	380	260483	0.93	7.75	91.21
2009	29322	7174	160848	2128	9759	20373	16159	44	1191	132	217808	0.83	10.94	94.44
2010	29412	7007	101521	1706	6010	13352	18759	165	601	117	149238	0.56	8.59	95.22
2011	29709	4345	75501	1208	3059	6490	6595	66	792	364	98420	0.37	8.93	96.96
2012	29726	3708	58788	364	1864	4738	4634	59	452	283	74890	0.28	11.65	98.24
2013	30102	3295	42945	297	2015	4426	4296	27	318	214	57833	0.21	3.06	94.97
2014	29926	2532	33355	271	10095	2992	6644	22	257	125	56293	0.21	2.27	93.22
2015	30159	2210	28487	227	25475	2000	5926	16	203	137	64681	0.24	6.02	97.08
2016	29957	2106	21208	129	10588	4179	5325	98	217	87	43937	0.16	8.22	98.57
总和	458550	114313	2077641	61243	120212	1529212	1182765	1882	18421	15373	5121062	1.21	7.29	83.87

二、金丽温甬黄龙病发生普查及防控效果分析

根据金华、丽水、温州和宁波历年黄龙病普查情况分析，柑橘种植面积金华 6000hm^2、丽水 8700hm^2、温州 5300hm^2、宁波 10000hm^2，为浙江柑橘主要种植区。坚持黄龙病“三防五关”防控技术宣传培训示范推广，借鉴“5＋1”推广模式经验，依靠模式图、现场观摩、经验交流及技术培训等平台和载体，向广大果农推广应用，对持续控制金华、丽水、温州和宁波 30000hm^2 柑橘面积黄龙病入侵扩散为害发挥了良好效应，保持近 8 年黄龙病发病率在 1.0％以下。通过 2002—2016 年黄龙病控制效果分析评估，保持持续控制效果在 93.39％左右（64.41％～99.59％），确保 4 市柑橘产业生产健康安全（表 9-5）。

表 9-5 金丽温甬柑橘黄龙病普查与防控效果

年度	推广普查面积/hm^2	病树数/万株	病株率/％	自然感染果园对照株发病率/％	防控效果/％
2002	12404	93.36	8.36	1.48	—
2003	13595	69.79	5.70	2.96	65.91
2004	14667	78.54	5.95	2.96	64.41
2005	13917	49.48	3.95	9.63	92.74
2006	15428	34.52	2.49	10.37	95.75
2007	23144	21.71	1.04	14.50	98.73
2008	20209	18.42	1.01	7.75	97.69
2009	36500	15.46	0.47	10.94	99.24
2010	13986	10.91	0.87	8.59	98.21
2011	13810	4.59	0.37	8.93	99.27
2012	17540	5.49	0.35	11.65	99.47
2013	13353	3.24	0.27	3.06	98.44
2014	25856	4.41	0.19	2.27	98.52
2015	20023	2.67	0.15	6.02	99.56
2016	20152	3.42	0.19	8.22	99.59
总和	274584	416.01	—	—	—
平均	18306	27.73	1.68	7.29	93.39

三、全省黄龙病发生普查及防控效果分析

根据浙江省柑橘黄龙病普查资料统计分析，自 2001 年以来坚持“挖治管并举，综合防控”策略的全面实施，总结推广应用黄龙病“三防五关”防控技术，有效遏制了柑橘黄龙病上扬扩散危害。通过 2002—2016 年浙江柑橘黄龙病发生普查病株测算分析，全省 15 年保持柑橘黄龙病综合防控技术成果应用达 642619hm^2，持续控制效果在 89.83%左右(40.07%～99.20%)，持续将近 6 年柑橘黄龙病发病率控制在 0.3%以下，确保全省柑橘传统优势产业健康安全发展(表 9-6)。

表 9-6 浙江省柑橘黄龙病普查与防控效果

年度	普查柑橘面积/hm^2	病树数/株	病株率/%	自然感染果园对照株发病率/%	防控效果/%
2002	38579	1577485	4.03	1.48	—
2003	38579	1186259	3.03	2.96	62.41
2004	38579	1894718	4.83	2.96	40.07
2005	39689	1443354	3.58	9.63	86.35
2006	40926	878272	2.11	10.37	92.53
2007	48269	643899	1.31	14.50	96.68
2008	43811	444674	1.00	7.75	95.26
2009	62976	372381	0.58	10.94	98.05
2010	38047	258321	0.67	8.59	97.14
2011	38047	144261	0.37	8.93	98.48
2012	38486	129817	0.33	11.65	98.96
2013	35921	90160	0.25	3.06	97.00
2014	48097	100400	0.20	2.27	96.76
2015	45575	91400	0.20	6.02	98.78
2016	47038	78138	0.18	8.22	99.20
平均	43146	554004	1.51	7.29	89.83

第三节　柑橘黄龙病持续防控技术成果推广措施

一、研制推广柑橘黄龙病综合防控模式图

针对柑橘黄龙病入侵扩散流行的严重态势以及普及防控知识需求，2005—2006年集成了柑橘黄龙病入侵扩散流行规律与监测预警防控技术成果，率先组织研制了柑橘黄龙病综合防控模式图，先后在临海、黄岩、温岭等柑橘主产区全面推广应用，通过村村社社张贴柑橘黄龙病防控模式图，对提高群众性防控知识和实施群防群控发挥了巨大作用。宁波、金华等地通过借鉴推广，也收到显著效果。

二、制定和印发柑橘黄龙病综合防控方案

坚持每年3月份通过重大农业植物疫情防控指挥部文件印发《柑橘黄龙病综合防控方案》，其中就柑橘黄龙病发生态势、总体要求、防控目标与任务、防控技术和措施进行完善更新落实，促进柑橘黄龙病监测预警防控技术研究成果及时全面有效推广应用。

三、组织柑橘黄龙病综合防控技术培训

坚持市、县、镇(乡)三级培训体系，组织柑橘黄龙病综合防控技术培训宣传推广。每年以植物检疫宣传月(周)活动为契机，组织一次植保植检专业技术人员、重点柑橘生产合作社及种植大户等参加的柑橘黄龙病综合防控技术专题培训。据统计台州市6年来市、县、镇(乡)三级召开柑橘黄龙病(柑橘木虱)专题会议282场次，组织防控技术培训383期次，培训人数达到2.52万人次，印发技术资料10.54万份，电视广播节目64期次，制作技术光盘1307份，制作防控技术挂图15952张。

四、展示柑橘黄龙病综合防控示范成果

坚持创建柑橘黄龙病综合防控示范区16～20个，示范实施面积870～1350hm^2，以良好的示范成果展示推动面上防控措施落实。据调查

统计，示范区柑橘黄龙病发病率控制在0.1%以下，在示范区既查不到柑橘木虱，也很难查到柑橘黄龙病树，综合防控示范效果明显。

五、完善经验交流和现场观摩推广

及时总结各地防控经验，及时组织开展不同层级层面交流。10多年来多次运用黄龙病“三防五关”防控技术和“5+1”推广模式成果，组织召开现场观摩会。2015年全省在临海召开了黄龙病防控观摩会，集中展示了黄龙病“三防五关”防控成果，其成果在台州、丽水、温州、宁波、金华、绍兴等柑橘产区，乃至全省得到了推广应用，受到了省厅领导肯定和全省同行赞许，对推动全省控制黄龙病入侵扩散流行作出了较大贡献，取得了巨大社会经济效益。

附　件

柑橘种苗产地检疫 PCR 检测抽样方案

为规范柑橘种苗产地检疫 PCR 检测抽样基本操作，依据近年抽检情况和产地检疫相关要求，制定本方案如下。

一、抽样范围

柑橘品种母本园、采穗圃、砧木苗圃与品种苗圃。

二、抽样次数与时间

（一）抽样次数

具防虫网隔离设施的母本园、采穗圃每 2 年抽样 1 次，无隔离设施的母本园、采穗圃，以及所有砧木苗圃和品种苗圃等 1 年抽样 1 次。

（二）抽样时间

母本园、采穗圃与砧木圃于每年的 5—8 月抽样；品种苗圃于每年的 9 月至第二年 2 月抽样。

三、前期准备

（一）种苗产繁登记造册

于 5—8 月柑橘苗木嫁接前，对辖区内所建的母本园、采穗圃、砧木苗圃和品种苗圃等逐一踏查，以育苗主体为单位登记造册柑橘种苗生产繁育情况。

（二）批次与样本数量确定

以育苗主体为单位，对母本园、采穗圃、砧木苗圃和品种苗圃按类确定抽样批次及其样本数量。统一规定为如下。

1. 确定母本园（采穗圃）为同一批次，要求逐株抽样，1 株 1 样。

2. 确定同一品种、同一苗龄、接穗来自同一地方（县域以内）的品种苗圃为同一批次；不符合前述条件之一的则分不同批次。要求 1 万株以内至少抽检 10 个，每增 1 万株加抽 3 个。

3. 确定同一品种、同一苗龄、种子或苗木来自同一地方（县域以内）的砧木苗圃为同一批次；不符合前述条件之一的则分不同批次。要求 1 万株以内至少抽检 10 个，每增 1 万株加抽 3 个。

（三）采集样品编号

统一规定母本园（采穗圃）为 A 类，品种苗圃为 B 类，砧木苗圃为 C 类。其中母本（采穗）树编号组成为“县名＋育苗主体名＋年份＋A＋序号”。品种苗为“县名＋育苗主体名＋年份＋B（ *n* ）＋序号”（ *n* 为品种苗批次号）。砧木苗为“县名＋育苗主体名＋年份＋C（ *n* ）＋序号”（ *n* 为砧木品种苗批次号）。

注：如金东区源东乡吉峰家庭农场施某某共有 15 亩育苗场，其中采穗圃 5 亩 500 株，品种 10 个；品种苗圃 8 亩 24 万株，分别为柑橘类 15 万株、柚类 5 万株、金柑类 4 万株；砧木苗圃 2 亩 5 万株，分别为一年生枳壳 3 万株，2 年生枳壳 2 万株。编号方法如下。

1. 采穗圃。A 类，编号：金东施某某 2017A001－500。

2. 品种苗圃。B 类，分柑橘类、柚类和金柑类 3 个批次（在同一品种、同一苗龄和同一接穗来源的情况下），设柑橘类为(1)批次，柚类为(2)批次，金柑类为(3)批次……分别为：金东施某某 2017B(1)001－052，金东施某某 2017B(2)001－022，金东施某某 2017B(3)001－019。

3. 砧木苗圃。C 类，有一年生苗和二年生苗 2 个批次，设一年生苗为(1)批次，二年生苗为(2)批次……分别为：金东施某某 2017C（1）001－026，金东施某某 2017C(2)001－013。

（四）采样用具（材）准备

剪刀、自封口样品袋、信封、不干胶标签、挂牌、油性记号笔、样品保鲜箱、酒精，以及种苗生产繁育登记册、采样单、记录本等。

四、样品采集与送检

（一）采样方法

1. 母本（采穗）树。母本树和采穗树要逐株挂牌，挂牌号与样品号一致。按株采样，分东南西北中五方位各采当年生春梢叶 1 张，5 张为 1 样。

2. 品种（砧木）苗。品种（砧木）苗圃内如有疑似植株的，则重点采疑似植株的症状叶片，5 张为 1 样；无症状苗圃，则采用对角线法取样，每条对角线等距 5 株 1 样，每株采当年生春梢叶 1 张，5 张为 1 样；枳壳砧木苗可采植株皮层（枳壳一般秋冬季落叶），1 株剪枝一段，5 段为 1 样。

（二）样品编包

采集的样品放入保鲜袋，1 样放 1 袋并贴上已编号的标签。同批次同批量样品组合包装，大包上贴上样品名、样品批次、采样日期等。

（三）样品送检

为保持样品叶片（样皮）新鲜度，可将样品放入保鲜箱暂存，快递寄送检测机构。

五、相关附表

表 1 ______县（市、区）柑橘种苗生产繁育建设情况登记表（一）

序号	育苗主体	育苗地点	母本园（采穗圃）	品种	繁育规模		砧木来源	接穗来源	防虫网
					面积/hm^2	数量/万株			

______县（市、区）柑橘种苗生产繁育建设情况登记表（二）

序号	育苗主体	育苗地点	砧木圃	品种	繁育规模		种子来源	防虫网
					面积/hm^2	数量/万株		

______县(市、区)柑橘种苗生产繁育建设情况登记表(三)

序号	育苗主体	育苗地点	品种苗圃	品种	繁育规模		砧木来源	接穗来源	防虫网
					面积/hm^2	数量/万株			

表 2 ______县(市、区)柑橘种苗抽样批次与样量计划表

种苗圃类型	育苗主体数	园圃(苗床)数	繁育规模		砧木来源	接穗来源	防虫网	抽样批次数	采样量	采样时间
			面积/hm^2	数量/万株						
母本园(采穗圃)										
砧木苗圃										
品种苗圃										

表 3 柑橘种苗产地检疫 PCR 检测抽样单(一式三联)

种苗类型		□母本、接穗 □品种苗 □砧木	品种(组合)	
采样地点			经纬度	
样品数量			样品编号段	
抽样基数			抽样时间	年 月 日
检测项目及依据		GB/T28062—2011		
受检单位情况	受检单位名称			
	通讯地址			
	法定代表人		电话	
	联系人		电话	
受检人	姓名		电话	
	住址			
抽样单位情况	单位名称		联系人	
	通讯地址		邮编	
	联系电话		传真	

续 表

<table>
<tr><td>种苗类型</td><td>□母本、接穗
□品种苗 □砧木</td><td>品种(组合)</td><td></td></tr>
<tr><td colspan="2">受检单位负责人(代表)/受检人签字:

受检单位(公章):

年 月 日</td><td colspan="2">抽样人签字:

抽样单位(公章):

年 月 日</td></tr>
<tr><td colspan="4">备注:</td></tr>
</table>

柑橘黄龙病综合防控模式图

柑桔生育期

月份	旬	生育期
12—2月		春芽萌动前；花芽分化期
3月	上 中 下	萌芽期；春梢生育期；花芽分化期、蕾期
4月	上 中 下	春梢生育期；蕾期、开花期
5月	上 中 下	幼果期（生理落果）
6月	上 中 下	夏梢生育期；幼果期（生理落果）
7月	上 中 下	果实膨大期
8月	上 中 下	早秋梢生育期；果实膨大期
9月	上 中 下	早秋梢生育期；果实膨大期
10月	上 中 下	晚秋梢生育期；果实转色期
11月	上 中 下	果实转色期；果实成熟采收期

柑桔木虱种群数量消长

■ 卵　□ 若虫　□ 成虫

黄龙病症状、柑桔木虱形态与图片

黄龙病田间症状表现很复杂，主要有黄梢、斑驳叶和红鼻果，其中红鼻果为典型症状，梢叶症状易与缺素和其他柑桔黄化现象相混淆。

黄梢症状多出现初期病树和病树夏秋梢上，病树初期的特征性症状是浓绿的树冠中出现1、2枝或多枝黄梢，黄梢多在顶部和外围，随后病梢的下段枝条和树冠的其他部位也陆续发黄。

叶片斑驳黄化症状叶片主侧脉附近和基部或边缘开始黄化，并扩散形成黄绿相间的不均匀斑驳状，斑块大小、形状及位置均不定，最后也可以均匀黄化。通常在叶片基部和边缘呈黄色的为多。次年长出的春梢花多，叶小、节间短，类似缺锌、缺铁等微量元素的缺素症状。

红鼻果症状较为典型，果实小，皮变硬，果皮与果肉紧贴不易剥离。果实着色不均匀，有些品种如温州蜜柑等果蒂附近较早变为红色，成了“红鼻果”。病果成熟早，无光泽，种子发育不全，酸含量较高，果味异常。

柑桔木虱成虫体长3毫米，有灰褐色斑纹，停息时尾部翘起，与停息面成45度角。成虫产卵在露芽后的芽叶缝隙处，没有嫩芽不产卵。卵似芒果形，长0.3毫米。若虫体黄色。柑桔木虱的主要危害作物为芸香科植物，以柑桔属受害最重，黄皮、九里香和枸橼次之。

黄龙病黄梢　黄龙病斑驳叶　黄龙病斑驳叶　黄龙病病果　黄龙病病果　柑桔木虱成虫　柑桔木虱若虫

黄龙病综合防控技术措施

柑桔黄龙病是国家植物检疫性有害生物，是柑桔生产上发病波及面最广、流行速度最快、危害性最重、防治最难的传染性和毁灭性病害，至今没有直接有效的防治办法。针对黄龙病发生点多面广，局部出现暴发毁园，防控形势严峻。根据省“植防指”提出的“挖治管并重、综合防控”的方针，各地关键应抓好“五关”技术措施落实。

一抓监测普查关

坚持以乡镇为单位，按照病虫监测方法做好果园病虫（黄龙病、柑桔木虱）系统监测。抓住春梢、夏梢、秋梢和采果前后四个时期鼓励桔农全面做好自检自查，对病株或疑似病株应主动上报到村，村统一上报到镇街，并自行做好病株挖除。坚持每年一次果实显症期（10—12月）全面普查，按照镇不漏村、村不漏片、片不漏园、园不漏块、块不漏株的“五不漏”要求实行全面普查，为全面搞清疫情和挖除病株以及阻断菌源提供科学依据。

二抓病株挖除关

黄龙病病株是菌源的集散中心，彻底挖除病树是阻断菌源的重要前提。病株挖除关包括病株挖除，病苗、病穗和市场执法查扣违法种苗等销毁。坚持病源必除、病株必清要求，在做好全面普查的基础上，要求桔农自行彻底挖除病株（病苗、病穗等），切不可对病株采取以整枝方式去病枝保树；对失管桔园的病树，各镇街、村要组织专业队进行砍挖。要发动广大群众要互相检举、互相督促，要做到发现一株挖除一株，彻底挖除销毁病株、病苗和病穗。

三抓种苗检疫关

严格遵守种苗检疫程序和植物检疫制度，自觉遵守种苗产地检疫和调运检测，严防带菌病株、种苗、接穗从病区传入。桔农应严格执行植物检疫法规，严格遵守柑桔苗木检疫，调运、销售柑桔类苗木或接穗要事先向当地农业服务中心或植物检疫机构申报检疫；自产桔苗或接穗也不得随意入市销售；桔农要自觉拒绝购买、种植和嫁接未经检疫的种苗接穗，确保种植无病种苗。

四抓治虫防病关

柑桔木虱不除，黄龙病不灭。柑桔木虱防治，关键在于做好春梢、夏梢和秋梢“三梢”初芽抽发传染期以及病树挖除前的防治适期，按照“五统一（统一指挥、统一培训、统一时间、统一防治、统一检查）”和“五不漏”（镇不漏村、村不漏片、片不漏园、园不漏块、块不漏株）的要求，全面做好“联防联治和统防统治”，全年集中统一喷药防治3—4次，药剂可选用10%吡虫啉或烯啶虫胺或呋虫胺或氟啶虫胺腈等药剂交替使用。

五抓健身栽培关

加强柑桔园生育保育，切实保护利用天敌，提高自然生态调控能力。

严控在病区及其周边桔区高接换种。加强设施防护培育无病种苗。

各地对树势衰退老果园、房前屋后零散桔园、失管园等且失去经济价值的，要下决心全部挖除；切实抓好桔园清园工作，全面开展冬、春季清园；全面实施优质高产栽培技术，增施有机肥料，合理搭配氮、磷、钾的比例，促进树势健壮生长。做好春季疏摘春梢，夏季尽可能摘除全部嫩梢，秋季摘除早、晚秋梢，达到抽梢整齐，减少养分消耗和木虱发生危害，提高植株抗病防病能力。

浙江省临海市植物检疫站　2005编印（2016略作修订）

参考文献

Lu L M, Cheng B P, Du,2015. Morphological, molecular and virulence characterization of three lencani-cillium species infecting Asian citrus psyllids in Huangyan citrus groves [J]. Journal of Invertebrate Pathology,125:45-55.

Lu L M, Cheng B P, Yao J N, et al, 2013. A new diagnostic System for detection of '*Candidatus Liberibacter asiaticus*' Infection in Citrus [J]. Plant disease, 97(10): 1295-1300. 陈冰,戈丽清,袁亦文,2008. 温州地区柑橘木虱田间预测办法研究[J]. 温州农业科技,(2):22-24.

陈天赏,林国聪,1997. 温州市已撤销3县柑橘黄龙病疫区[J]. 植物检疫,11(3):154-156.

董鹏,包改丽,冉志伟,等,2011. 云南柑橘黄龙病病原检测及其16S rDNA序列分析[J]. 云南农业大学学报(自然科学版),26(5):607-611.

杜丹超,鹿连明,胡秀荣,等,2015. 淡紫紫孢菌菌株的分离、鉴定及其对柑橘木虱的致病性[J]. 浙江农业学报,27(3):393-399.

杜丹超,鹿连明,张利平,等,2011. 柑橘木虱的防治技术研究进展[J]. 中国农学通报,27(25):178-181.

胡文召,周常勇,2010. 柑橘黄龙病病原研究进展[J]. 植物保护,36(3):30-33.

黄建,罗肖南,黄邦侃,等,1999 柑橘木虱及其防治[J]. 华东昆虫学报,8(1):26-34.

柯冲，柯德，李开本，1991. 柑橘黄龙病病原形态与性质的研究[J]. 福建农科院学报，6(2)：1-10.

林孔湘，1956. 柑橘黄梢(黄龙)病研究Ⅱ关于病原的探讨[J]. 植物病理学报，2(1)：13-45.

林雄杰，范国成，胡菡青，等，2012. 福建温州蜜柑表现典型“红鼻果”症状[J]. 福建果树，(4)：26-27.

鹿连明，程保平，杜丹超，等，2015. 蜡蚧菌的遗传多样性及其对柑橘木虱的致病性[J]. 浙江大学学报(农业与生命科学版)，41(1)：34-43.

鹿连明，杜丹超，程保平，等，2014. 柑橘黄龙病菌亚洲种外膜蛋白基因的遗传变异分析[J]. 浙江大学学报(农业与生命科学版)，40(2)：125-132.

鹿连明，范国成，胡秀荣，等，2011. 田间柑橘植株不同部位黄龙病菌的PCR 检测及发病原因分析[J]. 植物保护，37(2)：45-49.

鹿连明，范国成，姚锦爱，等，2011. 柑橘黄龙病菌核糖体蛋白基因的多态性及系统发育分析[J]. 浙江大学学报(农业与生命科学版)，37(2)：125-132.

鹿连明，胡秀荣，张利平，等，2010. 常规和巢式 PCR 对柑橘黄龙病菌的检测灵敏度比较[J]. 热带作物学报，31(8)：1280-1287.

鹿连明，张利平，胡秀荣，等，2010. 柑橘黄龙病菌亚洲种 16S rDNA 和 16S-23S rDNA 间隔区的 PCR-RFLP 及序列分析[J]. 中国农学通报，26(24)：226-232.

阮传清，陈建利，刘波，等，2012. 柑橘木虱主要形态与成虫行为习性观察[J]. 中国农学通报，28(31)：186-190.

汪恩国，李达林，2012. 柑橘黄龙病疫情监测与防控技术研究[J]. 中国农学通报，28(4)：278-282.

汪恩国，钟列权，2014. 柑橘黄龙病疫情运动规律与预警模型研究[J]. 浙江农业学报，26(4)：994-998.

王联德，尤民生，黄健，等，2010. 虫生真菌多样性及其在害虫生防中的作用[J]. 江西农业大学学报，32(50)：920-927. 王云仙，鲍益森，赖育华，2001. 苍南植物检疫对象发生及控制[J]. 植物检疫，15(5)：303-304.

王运生,戴良英,荒井啓,2004.日本柑橘黄龙病菌电镜观察及 PCR 检测[J].湖南农业大学学报(自然科学版),30(5):446-449.

叶志勇,余继华,孟幼青,等,2007.浅析柑橘黄龙病发病流行的主要因子[J].中国植保导刊,27(11):25-27.

叶志勇,余继华,汪恩国,等,2007.柑橘木虱种群空间分布型及抽样技术研究[J].中国植保导刊,2007(6):35-37.

余继华,黄振东,张敏荣,等,2017.亚洲柑橘木虱带菌率的周年变化动态[J].浙江大学学报(农业与生命科学版),43(1):89-94.

余继华,汪恩国,2008.柑橘黄龙病入侵与疫情扩散模型研究[J].中国农学通报,2008(8):387-391.

余继华,汪恩国,2009.柑橘黄龙病发生危害与防治指标研究[J].浙江农业学报,(4):370-374

余继华,汪恩国,卢璐,等,2013.柑橘黄龙病不同管理方式疫情演变规律及防控效果研究[J].农学学报,3(4):9-12.

余继华,汪恩国,杨晓,等,2017.柑橘黄龙病老龄果园发病力与时序发生规律研究[J].农学学报,7(4):10-14.

余继华,汪恩国,张敏荣,等,2011.早熟柑橘黄龙病流行与产量损失关系研究[J].植物保护,37(4):126-129.

余继华,叶志勇,於一敏,等,2006.黄岩橘区柑橘黄龙病发生流行原因及防控对策[J].中国植保导刊,26(1):27-28.

袁亦文,戈丽清,2006.温州市柑橘黄龙病的发生和防控对策[J].浙江柑橘,23(4):17-18.

张林峰,赵金鹏,曾鑫年,2012.柑橘木虱种群动态与扩散的调查研究[J].中国农学通报,28(28):290-296.

张跃进,王建强,姜玉英,等,2008.农业有害生物测报技术手册[M].北京:中国农业出版社,102-150.